Eugen Wirth

Einhundert Jahre Geographie in Erlangen

ERLANGER GEOGRAPHISCHE ARBEITEN

Herausgegeben vom
Vorstand der Fränkischen Geographischen Gesellschaft

Heft 55

Eugen Wirth

Einhundert Jahre Geographie in Erlangen

Mit 5 Tabellen

Erlangen 1995

Selbstverlag der Fränkischen Geographischen Gesellschaft
in Kommission bei Palm & Enke

Begründet von Otto Berninger und Joachim Blüthgen

Sonderabdruck

aus den

„Mitteilungen der Fränkischen Geographischen Gesellschaft"
Band 42 für 1995

ISSN 0170 - 5172   ISBN 3 - 920405 - 77 - 3

Herausgegeben von Horst Kopp
im Auftrag des Vorstandes der FGG
Schriftleitung: Hilmar Schröder
Satz: Sonja Hock

Gedruckt in der Universitätsbuchdruckerei Junge & Sohn, Erlangen

№ 1720 № 541 № 9. Februar 95.—

Im Namen Seiner Majestät des Königs

LUITPOLD,

von Gottes Gnaden Königlicher Prinz von Bayern,

REGENT.

Wir finden Uns allergnädigst bewogen

I. zu genehmigen, daß an der k. Universität Erlangen eine außerordentliche Professur für Geographie errichtet werde;

II. vom 1. April d. J. an nach Maßgabe des Titel II § 18 der Verfassungsurkunde den außerordentlichen Professor an der Universität Bonn Dr. seiner Pechuël-Loesche zum außerordentlichen Professor in der philosophischen Fakultät der k. Universität Erlangen mit einem jährlichen Gehalte von 3180 M. / dreitausend einhundert achtzig Mark / zu ernennen und demselben die Geographie als Lehraufgabe zu übertragen.

Es hat ferner der Rektors zu verfügen, um die Erlegung eines Rachlasses vom 27. Feber d. J. geräuschlos entgegen.

München, den 6ten Februar 1895.

Luitpold Pr. v. Bayern
des Königreichs Bayern Verweser.

I. Zu abschriftlicher Einleitung an Herrn Professor Dr. Pechuël-Loesche & an k. Universitäts-Hauptkasse dahier mit dem bez.—

II. zur Wissenschaft.

den 9. II. 95
Rektorat der k. Universität   D. Th. Zahn,   D. v. Müller
Erlangen.   d. Z. Prorektor.

Auf Allerhöchsten Befehl
Der Generalsekretär
Riedel.

Errichtung einer außerordentlichen Professur für Geographie an der k. Universität Erlangen betreffend.

Einhundert Jahre Geographie in Erlangen
Eine Universitätsdisziplin im Kontext übergreifender wissenschaftlicher und hochschulpolitischer Zeitströmungen*

*Meinen Freunden und Weggefährten Franz Tichy und
Wolf Hütteroth in Dankbarkeit gewidmet*

von

EUGEN WIRTH

mit 5 Tabellen

Vorbemerkung: Geographie oder Erdkunde oder das, was die betreffenden Dozenten dafür hielten, wurde an der Universität Erlangen schon vor zweihundert Jahren gelesen. *Johann Ernst Fabri* (1755-1825), unbesoldeter außerordentlicher Professor der Philosophie an der Universität Jena, hatte dort von 1786 bis 1794 Vorlesungen über Geographie und Statistik gehalten. 1794 wechselte er nach Erlangen, um hier als Redakteur der Erlangischen Realzeitung einen kärglichen Unterhalt für seine Familie zu sichern. Gleichzeitig damit begann er, an der Universität Erlangen als unbesoldeter Professor Vorlesungen über Geographie und Geschichte zu halten. Seit 1815 erhielt er als Titular-Professor eine bescheidene feste Besoldung. Er hat ein in mehreren Auflagen erschienenes „Handbuch der neuesten Geographie für Akademien" geschrieben (H. STEIN 1972, S. 2-10; TH. KOLDE 1910, S. 78, 129, 521; F. TICHY 1993, S. 2 f.).

Auch der Professor für Allgemeine Naturgeschichte *Karl G. von Raumer* (1783-1865), der seit 1827 als o. Professor eine der einflußreichsten Persönlichkeiten an der Erlanger Universität war, hielt bis zu seiner Entpflichtung 1863 geographische Vorlesungen ab. Sein Lehrbuch der Allgemeinen Geographie erschien in mehreren Auflagen (TH. KOLDE 1910, S. 317-323, 536; F. TICHY 1993, S. 4). Bekannter noch wurde sein vielfach aufgelegtes Buch „Palästina" (1. Auflage 1834), das mit einem kurzen landeskundlichen Überblick beginnt und dann in einem ausführlichen Katalog alle Siedlungen — allein Jerusalem auf über 100 Seiten — abhandelt. Als Quellen dienten die Bibel und jüngere Reisebeschreibungen. Raumers Vorwort schließt „mit dem herzlichen Wunsche, durch mein Buch etwas zum besseren Verständnis der Heiligen Schrift, wenn auch nur hinsichtlich irdischer Dinge und Verhältnisse, beizutragen; ist doch das Irdische ein Vorbild des Himmlischen und mit diesem geheimnißvoll verwandt".

Die in der ersten Hälfte des vergangenen Jahrhunderts an der Universität Erlangen angebotenen Vorlesungen verstanden unter Geographie — wie es damals üblich war — vorwiegend statistische Staaten-, Völker- und Erdbeschreibung oder Belehrung im Dienste von Pädagogik und Theologie. Geographie als eine moderne Erfahrungswissenschaft beginnt an der Friedrich-Alexander-Universität in Forschung und Lehre erst mit dem Jahr 1895.

---

*) Erweiterte Fassung des Festvortrags anläßlich der Einhundertjahrfeier der Erlanger Geographie am 6. Februar 1995.

Eugen Wirth

Die Situation im Königreich Bayern

Mit einer am 6. Februar 1895 ausgefertigten Urkunde hat Prinzregent Luitpold von Bayern die Geographie an der Universität Erlangen als Wissenschaft und akademische Disziplin eingerichtet. Eduard Pechuel-Loesche, ao. Professor für Erd- und Völkerkunde in Jena, wurde auf den neugegründeten ao. Lehrstuhl berufen und 1908 zum o. Professor befördert. Diese schon lange überfällige hochschulpolitische Entscheidung zugunsten des Faches Geographie muß zunächst im bayerischen Kontext gesehen werden.

König Ludwig II., der von 1864 bis 1886 als Rector Magnificentissimus an der Spitze der bayerischen Universitäten stand, hatte wenig Sinn und Interesse für Wissenschaft und Forschung. Er tat auch nichts für die Errichtung neuer, modernerer Fächer und Disziplinen. Als Mäzen Richard Wagners, Erbauer der Königsschlösser und Förderer der schönen Künste bürdete er dem Königreich eine hohe Schuldenlast auf, die nur dank erheblicher Zuwendungen durch Bismarck nicht zum Staatsbankrott führte. Ludwig II. lebte immer mehr in einer Traum- und Märchenwelt, ganz fern von der realen Welt der Geographie. So kam es, daß im Jahr 1880 Geographie als wissenschaftliches Fach schon an sechs preußischen, drei österreichischen und zwei sächsischen Universitäten etabliert war (Tab. 1), in Bayern aber noch an keiner einzigen Universität. Nur die Technische Hochschule München hatte seit 1873 eine o. Professur für Geographie; sie war durch die Übernahme eines Lehrstuhls für Geographie am Königl. Bayer. Polytechnikum an die TH gefallen. An der protestantischen Universität Erlangen im fränkischen Norden hatte König Ludwig II. ohnehin nicht das geringste Interesse; trotz allen Bemühens der zuständigen Universitätsgremien ließ er ihr keinerlei Förderung angedeihen.

Das ändert sich schlagartig mit dem Regierungsantritt von Prinzregent Luitpold im Jahre 1886. Er und sein Kultusminister Dr. v. Müller, der auch die Ernennungsurkunde 1895 mit unterzeichnet hat, standen den modernen Erfahrungswissenschaften sehr aufgeschlossen gegenüber; sie förderten die Universität Erlangen, soweit das finanziell überhaupt möglich war. In der Folge davon stiegen in Erlangen die Studentenzahlen von 415 (1878) auf knapp 1200 (1896) an. Erlangen war damals für einige Jahre die siebtgrößte deutsche Universität. Als ein äußeres Zeichen nachhaltiger Förderung konnte schon 1889, nach dreijähriger Bauzeit, das repräsentative Erlanger Kollegienhaus eingeweiht werden; obwohl es heute über 100 Jahre alt ist, tut es noch immer seinen Dienst.

Als Folge zukunftsorientierter Wissenschaftsförderung werden jetzt an den bayerischen Universitäten auch besoldete ao. Professuren für Geographie eingerichtet: 1892 an der Universität München, 1895 in Erlangen und 1898 in Würzburg — etwa gleichzeitig mit Freiburg, Heidelberg und Tübingen (vgl. Tab. 1). Auf der Berufungsliste für Erlangen stand an erster Stelle der ao. Professor für Erd- und Völkerkunde an der Universität Jena, Eduard Pechuel-Loesche, der auf eine jahrzehntelange Reiseerfahrung in Übersee zurückblicken konnte. An zweiter Stelle der

Tab. 1: Errichtung von besoldeten ao. Lehrstühlen für Geographie

(Pr)	Berlin	1810
(Ö)	Wien	1851
(Pr)	Göttingen	1855
(Pr)	Bonn	1857
(Ö)	Graz	1869
(Sa)	Leipzig	1871
(By)	TH München	1873
(Pr)	Halle	1873
(Sa)	Dresden	1874
(Pr)	Marburg	1876
(Pr)	Kiel	1879
(Ö)	Innsbruck	1879
(Pr)	Greifswald	1881
(He)	Gießen	1881
(CH)	Zürich	1883
(Pr)	Münster	1885
(CH)	Bern	1886
(Bd)	Freiburg	1891
(By)	München	1892
(Ei)	Jena	1892
(By)	Erlangen	1895
(Bd)	Heidelberg	1895
(Wü)	Tübingen	1897
(By)	Würzburg	1898
(CH)	ETH Zürich	1898
(Pr)	Köln	1901
(CH)	St. Gallen	1906
(CH)	Basel	1912

Bd = Großherzogtum Baden, *By* = Königreich Bayern, *CH* = Schweizerische Eidgenossenschaft, *Ei* = Großherzogtum Sachsen-Weimar-Eisenach, *He* = Großherzogtum Hessen, *Ö* = Österreichisch-Ungarische Monarchie, *Pr* = Königreich Preußen, *Sa* = Königreich Sachsen, *Wü* = Königreich Württemberg.

Liste folgte dann Alfred Hettner; er war nach Meinung der Fakultät viel weniger durch Reisen ausgewiesen, und man hatte auch Bedenken wegen seiner Gehbehinderung. Mit dieser Entscheidung war die Fakultät gut beraten; denn Hettner wäre wohl kaum länger als zwei Jahre in Erlangen geblieben: In einem munteren Job-hopping folgte er 1897 einem Ruf auf eine ao. Professur in Tübingen und 1898 auf eine solche in Würzburg, bis er dann endgültig 1899 den Ruf auf die ao. Professur in Heidelberg annahm.

Eduard Pechuel-Loesche begann seine Lehrtätigkeit in Erlangen im Sommersemester 1895 mit zwei Vorlesungen: „Die Formen und Veränderungen der Erdoberfläche" und „Ausgewählte Abschnitte der Völkerkunde mit Hinsicht auf Kolonisation und Mission". Diese zweigeteilte Ausrichtung des Lehrangebots ist für den Beginn der Erlanger Geographie sehr charakteristisch: Auf der einen Seite mußte im Interesse einer berufsbezogenen Auslandskunde Erd- und Völkerkunde für Missionare und Kolonialbeamte gelesen werden. Dem diente z.B. auch die vierstündige Vorlesung „Afrika: Land, Leute, Staaten, Kolonien", oder die Übung „Völkerkunde, Mission, Kolonisation" (Sommersemester 1900). Den zweiten Schwerpunkt im Lehrbetrieb bildeten dann jedoch die beherrschenden Paradigmen der damaligen geographischen Wissenschaft; so las Pechuel-Loesche wechselweise zwei Stunden „Physische Geographie", fünf Stunden „Morphologie der Erdoberfläche" und vier Stunden „Allgemeine Geographie". Alle seine Vorlesungen fanden einen erstaunlich weiten Hörerkreis. Geographie stand eben vor hundert Jahren nicht nur im Dienste der Berufsausbildung, sondern sie kam damals breiten aktuellen Bildungsinteressen entgegen. Auch verstand es Eduard Pechuel-Loesche vorzüglich, sein Publikum durch einen anschaulichen und lebendigen freien Vortrag zu fesseln.

Die Geographie in Deutschland um 1895

Nach diesem Abriß der Verhältnisse in Bayern und in Erlangen kurz vor der Jahrhundertwende müssen wir uns nun im übergeordneten Kontext der Situation der Geographie in Deutschland um 1895 zuwenden. In seiner berühmten Leipziger Antrittsvorlesung 1883 (S. 4 f., 33 f.) gliedert Ferdinand Freiherr v. Richthofen das Zeitalter der Entdeckungen in drei Abschnitte. Der dritte und letzte dieser Abschnitte beginnt etwa um 1850. Er beinhaltet die Tilgung der letzten weißen Flecken auf der Landkarte in Afrika, Australien, Zentralasien, Tropisch-Südamerika und den Polgebieten (vgl. E. WIRTH 1988, S. 11 f.).

Die Entdeckungen dieser dritten Phase waren sicherlich nicht mehr so spektakulär wie diejenigen der ersten und der zweiten Phase. Infolge der erheblich verbesserten Möglichkeiten einer raschen und zuverlässigen Nachrichtenübermittlung gewannen die Forschungsberichte aber an Aktualität, und sie stießen beim Bildungsbürgertum auf ein breites Interesse. Etwa seit der Mitte des 19. Jahrhunderts trugen die technischen Innovationen von Eisenbahn, Dampfschiff, Rotationsdruck, Massenpresse, Seekabel und Telegraph zur schnellen Mitteilung von Neuigkeiten rund um den Globus bei. Viele Forscher waren jetzt auch sehr darum bemüht, Fachzeitschriften und Massenmedien möglichst rasch über spektakuläre Ergebnisse und Erlebnisse zu informieren. Sven Hedin z.B. schrieb an Ruhetagen seiner dreijährigen Zentralasien-Reise längere Zwischenberichte, die sofort in den einschlägigen geographischen Zeitschriften veröffentlicht wurden.

Geographie beinhaltete damals für das interessierte Publikum also vor allem *Entdeckung und Erforschung ferner Länder und fremder Völker*. Eine breite Bildungsschicht zeigte größtes Interesse für neue und unerwartete geographische

Sachverhalte, für Land und Leute, für fremde, ursprüngliche oder exotische Lebensformen, für Seewege, Bodenschätze, Ressourcen, tropische Nutzpflanzen oder mögliches koloniales Siedlungsland. Fesselnde Berichte von Entdeckungen und großen Forschungsexpeditionen wurden in vielen Sprachen und hohen Auflagen gedruckt. Die letzte Etappe der Entschleierung der Erde war solcherart überaus publikumswirksam inszeniert, und sie wurde vor einem großen, vollbesetzten Hause aufgeführt.

Just vor einhundert Jahren, von 1893-1896, war Fridtjof Nansen mit seinem Expeditionsschiff „Fram" im Packeis des Nördlichen Polarkreises unterwegs. Zwar gelang es ihm nicht, den Nordpol zu erreichen; die meteorologischen Beobachtungen der Expedition brachten aber wichtige neue Erkenntnisse. Auch wurde erst durch Nansen klar, daß die Arktis kein Schelfmeer mit vielen Inseln, sondern ein 3800 m tiefes Meeresbecken ist. Seine Expedition war „ein großes Unternehmen, auf welches von Anfang an die Blicke der ganzen zivilisierten Welt gerichtet waren" (M. LINDEMANN 1897, S. 380). Nansens dreibändiger Bericht „In Nacht und Eis" (1898) wurde mehrmals in Norwegisch, Deutsch, Englisch und Französisch aufgelegt und wie ein Bestseller verkauft. Etwa gleichzeitig (1892-1894) führte Eduard Glaser die letzte seiner vier großen Südarabien-Reisen durch. Auch die große dreijährige Expedition Sven Hedins durch Zentralasien (Pamir, Lop Nor) fällt in diese Zeit (1894-1897).

Knapp zehn Jahr zuvor, von 1887 bis 1889, hatte der Zeitungsreporter Sir Henry Morton Stanley als letzte seiner Afrika-Forschungsreisen die Expedition zur Rettung Emin Paschas durchgeführt. Stanleys Reiseberichte und Publikationen („Der Kongo" 1885; „Im dunkelsten Afrika", 3 Bände, 1890) zeigen im Vergleich mit Nansen oder Hedin schon die grundlegende Wende, die sich vor etwa einhundert Jahren anbahnte: Der britische Journalist war noch ein wagemutiger Entdecker qua Abenteurer; der wissenschaftliche Ertrag seiner Reisen blieb aber entsprechend bescheiden. An Wagemut stand Fridtjof Nansen Stanley nicht nach. Seine Expedition mit der „Fram" könnte bezüglich Kühnheit und Risikobereitschaft vielleicht sogar mit der Fahrt von Columbus verglichen werden; aber sie war ganz systematisch geplant und vorbereitet, und sie erbrachte wertvollste wissenschaftliche Ergebnisse. Eduard Glaser und Sven Hedin schließlich waren als einzeln reisende Forscher ganz auf sich selbst gestellt; sie reisten jedoch bewußt und gewollt vor den Augen einer breiten Öffentlichkeit. Ich erwähnte ja schon, daß Sven Hedins Briefe und Zwischenberichte von unterwegs sofort gedruckt und von der gebildeten Welt wie ein spannender Kriminalroman gelesen wurden. Auch der populär geschriebene Abschlußbericht „Durch Asiens Wüsten" (2 Bände 1899) wurde zu einem Bestseller.

Dieses *breite Öffentlichkeitsinteresse* an Expeditionsberichten und geographischen Informationen am Ende des vergangenen Jahrhunderts spiegelt sich in einer großen Fülle von Printmedien und Institutionen wider. Wie unsere Tabelle 2 zeigt, ist die Mehrzahl der allgemein unterhaltenden und belehrenden „Familien-

Tab. 2: „Unpolitische illustrierte und Unterhaltungsblätter" mit regelmäßigen Berichten über Entdeckungsreisen und Expeditionen

    seit   1848 (Bd. 1) bis 1920 (Bd. 44): Nord und Süd. Monatsblatt für Unterhaltung und Zivilisation.

    seit 1856/57 (Bd. 1): Westermanns illustrierte deutsche Monatshefte für das gesamte geistige Leben der Gegenwart.

    seit   1858 (Bd. 1) bis 1935 (Bd. 240): Preußische Jahrbücher.

    seit 1858/59 (Bd. 1) bis 1922/23 (Bd. 65): Über Land und Meer. Allgemeine illustrierte Zeitung.

    seit   1865 (Bd. 1) bis 1942/43 (Bd. 79): Daheim. Ein deutsches Familienblatt mit Illustrationen.

    seit   1872 (Bd. 1) bis 1931 (Bd. 60): Die Gegenwart. Zeitschrift für Literatur, Wirtschaftsleben und Kunst.

    seit   1874 (Bd. 1) bis 1964 (Bd. 90): Deutsche Rundschau.

    seit   1881 (Bd. 1) bis 1917 (Bd. 36): Vom Fels zum Meer. Spemanns illustrierte Zeitschrift für das deutsche Haus.

    seit   1884 (Bd. 1): Universum. Illustrierte Familien-Zeitschrift.

    seit 1887/88 (Bd. 1): Zur guten Stunde. Illustrierte deutsche Zeitschrift.

zeitschriften" in den Jahrzehnten zwischen 1850 und 1890 gegründet worden. Voraussetzung dafür waren zwei techniche Innovationen der Jahrhundertmitte: Moderne Schnellpressen konnten um 1850 im Rotationsdruck schon 12 000 Drucke in der Stunde herstellen, und die Eisenbahn sorgte für einen schnellen und zuverlässigen Versand der Zeitschriften in ganz Deutschland. Alle diese auf den Markt drängenden Zeitschriften mußten Monat für Monat ihre Spalten füllen; Forschungsreisende und Entdecker waren da hochwillkommene Autoren.

Aber nicht nur die „Familienzeitschriften", sondern auch viele Sammelwerke und Bücher mit Almanach-Charakter brachten laufend Reiseberichte. Darüber hinaus häuften sich in manchen Zeitungen und Zeitschriften Annoncen der Verlage, die für ihre oft mehrbändigen Reisewerke warben. In den Werbetexten der dort veröffentlichten Anzeigen kann man dann z.B. lesen: „Hedins dreijährige Reise quer durch Asien ist eine Großtat des jungen, todesmutigen Forschungsreisenden. Sein Bericht liest sich wie ein spannender Roman". „Was die Schilderung der zahlreichen Abenteuer und Episoden anlangt, so sind dieselben überall fesselnd und lebendig vor Augen geführt". „Auf einer dreijährigen, an Abenteuern aller Art überreichen Reise ... stellt er auf einer tollkühnen Kanoefahrt den über 4800 km langen Lauf des Kongo fest". Reisewerke und Expeditionsberichte haben offensichtlich ebenso reißenden Absatz gefunden wie Veröffentlichungen ganz anderer Art, für die in denselben Zeitschriften geworben wurde: „Liebenow-Ravenstein's Radfahrerkarte von Mittel-Europa", „Was sind die Freimaurer und was sollen sie? Ein Wort zur Wehr und Lehr" oder „Auf der Wildbahn. Ferienabenteuer in deutschen Jagdgründen — das ist ein Knabenbuch, wie es kaum seinesgleichen giebt ...".

Tab. 3: Gründung von Geographischen Gesellschaften

Berlin	1828	Hannover	1878
Frankfurt	1836	St. Gallen	1878
Wien	1855	Lübeck	1882
Leipzig	1861	Königsberg	1882
Dresden	1863	Stuttgart	1882
München	1869	Kassel	1882
Bremen	1870	Greifswald	1882
Bern	1873	Köln	1887
Hamburg	1873	Jena	1888
Halle	1873	Zürich	1888

Regen Zulauf fanden auch die vielen im 19. Jahrhundert gegründeten *Geographischen Gesellschaften* (Tab. 3). Die Hauptstädte und die großen Handelsstädte begannen damit am frühesten: Berlin 1828, Frankfurt 1836, Wien 1855, Leipzig 1861, Dresden 1863, München 1869, Bremen 1870, Bern, Halle und Hamburg 1873. Viele dieser Gesellschaften veranstalteten regelmäßig öffentliche Vorträge von Expeditionsleitern und Forschungsreisenden; teilweise riefen sie sogar selbst zu Kundfahrten in noch unbekannte Regionen auf. In Fortführung dieser Tradition hat die Gesellschaft für Erdkunde zu Berlin noch im Jahre 1954/55 eine Expedition in die libysche Sahara durchgeführt.

An ein breites gebildetes Publikum wandten sich nicht zuletzt die damaligen geographischen, länder- und völkerkundlichen Fachzeitschriften. Auch sie brachten laufend Berichte über neue Entdeckungen. Genannt seien hier nur:

Tab. 4: Geographische Fach- und Publikumszeitschriften um 1890

seit 1828 (Bd. 1) bis 1893 (Bd. 66): Das Ausland. Wochenschrift für Länder- und Völkerkunde (aufgegangen in „Globus")

seit 1854 Petermanns Geographische Mitteilungen (mit Aufrufen zu Forschungsreisen nach Afrika und in die Polargebiete)

seit 1857 Mitteilungen der Geographischen Gesellschaft München

seit 1862 (Bd. 1) bis 1910 (Bd. 98): Globus. Illustrierte Zeitschrift für Länder- und Völkerkunde (aufgegangen in „Petermanns Mitteilungen")

seit 1866 Zeitschrift der Gesellschaft für Erdkunde zu Berlin (seit 1949/50 unter dem Titel „Die Erde")

seit 1870 (Bd. 1) bis 1898 (Bd. 29): Aus allen Weltheilen. Illustriertes Familienblatt für Länder- und Völkerkunde (aufgegangen in „Globus").

Noch in ihrem Band 1895, dem Gründungsjahr der Erlanger Geographie, sind Petermanns Geographische Mitteilungen überwiegend auf ein breites interessiertes

Publikum ausgerichtet. Wir finden hier Berichte über Expeditionen nach Mittelasien, Borneo und Nicaragua sowie Aufsätze über Ozeane, Polargebiete, Vulkane, Erdbeben und Naturvölker.—

Verhältnismäßig unabhängig von diesem Interesse der Bildungsschicht an geographischen Informationen über ferne Länder und fremde Völker, über Forschungs- und Entdeckungsreisen entwickelte sich in der zweiten Hälfte des letzten Jahrhunderts ein zweiter Strang: *Geographie als moderne Erfahrungswissenschaft*. Sie befand sich um 1895, als das geographische Extraordinariat an der Universität Erlangen eingerichtet wurde, an den deutschen Universitäten in dynamischer Entfaltung und dauerhafter Etablierung, mit entsprechend grundlegenden Veröffentlichungen: 1893 kam die streng wissenschaftlichen Kriterien genügende Festschrift zum 60. Geburtstag von Ferdinand Freiherr v. Richthofen heraus, 1894 folgte Albrecht Pencks Morphologie der Erdoberfläche, und Friedrich Ratzel veröffentlichte 1891 den zweiten Band seiner Anthropogeographie und 1897 seine Politische Geographie.

Genau vor einhundert Jahren, 1895, erschien auch der erste Band von Alfred Hettners Geographischer Zeitschrift. Diese befaßte sich von Anbeginn nur randlich mit Forschungsreisen und Entdeckungen; ihr ging es ganz zentral um die Etablierung der Geographie als einer modernen Erfahrungswissenschaft. Schon 1895 bis 1900 veröffentlichte die Geographische Zeitschrift viele Berichte über den Stand der Forschung: Bau der Erdkruste, Ozeanographie, Klimatologie, Polarforschung, Nordamerikaforschung, Ethnographie, Wirtschaftsstufen, Morphologie, Pflanzengeographie, Wirtschaftsgeographie, Kulturformen, Historische Geographie, Verkehrsgeographie, Stadtgeographie, Deutsche Landeskunde. Neben vielen Beiträgen renommierter Gelehrter (z.B. F. Ratzel, A. Penck, Hettner selbst) brachten schon die ersten Bände der G.Z. Aufsätze von jungen Wissenschaftlern, die neue Wege wiesen (z.B. A. Philippson, O. Schlüter, R. Gradmann, R. Sieger, E. v. Drygalski). Damit wurde von Hettner ein Markstein gesetzt: Der Geographie als ernst zu nehmender Wissenschaft und Universitätsdisziplin ging es nicht mehr in erster Linie um die Entschleierung der Erde und um die Ergebnisse der großen Forschungsreisen, sondern vielmehr um das systematische Suchen nach Zusammenhängen und Erklärung.

Um diesem Anspruch gerecht zu werden, war vor einhundert Jahren die geographische Wissenschaft an den führenden Universitäten Europas schon ein voll ausgebildetes Lehrgebäude mit vielen Teildisziplinen. Davon zeugen z.B. die damaligen Internationalen Geographenkongresse: der fünfte 1891 in Bern, der sechste 1895 in London und der siebente 1899 in Berlin. Zum Berliner Weltkongreß kamen mehr als 1 000 Teilnehmer, und Deutsch war die erste Kongreßsprache. Bezeichnenderweise war der Berliner auch der erste Internationale Geographenkongreß ohne Vorträge von Offizieren, hohen Kolonialbeamten, Kapitänen oder

Globetrottern und Abenteurern über ihre Entdeckungen und Erlebnisse. Die Erde war bis auf ganz wenige weiße Flecken entschleiert. Jetzt hatten die Wissenschaftler das Wort (vgl. G.Z. 5, 1899, S. 678-705; 6, 1900, S. 28-47, 104-113).

Diese internationale geographische scientific community nahm schon vor einhundert Jahren zwei große, weltweit gemeinsame Forschungsprojekte in Angriff: Eine Internationale Weltkarte 1:1 Million und eine Bibliographie Géographique Internationale. Auf dem Internationalen Kongreß 1891 in Bern wurde beschlossen, die Erstellung landeskundlicher geographischer Bibliographien anzuregen. Daraufhin erschien schon 1894 der erste Band des „Geographischen Jahresberichts über Österreich". Für Deutschland folgte 1900 der erste Band des „Geographischen Anzeigers".

Überraschenderweise stand damals auch die Schulgeographie schon in voller Blüte — wohl als Nachwirkung des Einflusses von Carl Ritter. Seit 1879 erschien eine Zeitschrift für Schulgeographie. Selbst in Höheren Töchterschulen waren wöchentlich schon zwei Geographiestunden vom zweiten bis zum siebten Schuljahr vorgeschrieben, und der Seydlitz brachte eine Ausgabe E für Höhere Mädchenschulen heraus. Aus dem Jahre 1894 stammte der preußische Lehrplan Geographie für Höhere Mädchenschulen, und 1898 wurde dann die Preußische Prüfungsordnung für das Lehramt an Höheren Schulen mit Erdkunde als selbständigem Fach erlassen (vgl. M. KRUG 1898). Auch auf den Deutschen Geographentagen, die seit 1881 regelmäßig abgehalten wurden, war der Schulgeographie grundsätzlich eine Sektion bzw. Sitzung vorbehalten.

Vor diesem Hintergrund wird die Errichtung des Erlanger ao. Lehrstuhls für Geographie 1895 einsichtig: Gegeben war ein breites Interesse der Öffentlichkeit an geographischen Informationen. Dieses wurde zwar zunächst über Informationssysteme und Institutionen außerhalb der Universitäten befriedigt. Letztlich diente es aber auch als Nährboden, Begründung und Rechtfertigung für die Errichtung geographischer Lehrstühle an den Universitäten. Ganz analog kann ja auch heute noch ein breites öffentliches Interesse Anlaß für die Gründung von neuen Universitäts-Lehrstühlen werden (z.B. Gerontologie, Ökologie, Raumfahrt, Recycling).

Daß Bayern bei dieser Entwicklung ziemlich nachhinkte und erst spät folgte, wurde bereits erwähnt. Schon 1897, mit der Umwandlung des geographischen Extraordinariats in Münster zu einem o. Lehrstuhl, war Geographie an allen preußischen Universitäten durch Ordinariate vertreten. 1898 waren auch die Lehrstühle für Geographie in Österreich und der Schweiz durchweg Ordinariate: Wien, Innsbruck, Graz, Prag, Bern und Zürich. In Bayern erfolgte die Aufstockung der geographischen Extraordinariate zum Ordinariat in München erst 1906, in Erlangen und in Würzburg 1908. Die anderen süddeutschen Universitäten waren mit der Errichtung ordentlicher Lehrstühle für Geographie allerdings auch nicht schneller: Heidelberg und Freiburg/Brsg. 1906, Tübingen 1907 und Frankfurt 1914.—

Damit wollen wir den Blick zurück nach Erlangen wenden. Als das Erlanger Extraordinariat errichtet und Pechuel-Loesche berufen wurde, befanden sich die *Hochburgen der geographischen Wissenschaft* an den Universitäten Berlin, Wien und Leipzig; hier standen berühmte Geographen auf dem Gipfel ihres Ruhms und in der Blüte ihrer Schaffenskraft: Ferdinand Freiherr v. Richthofen (1886-1905 in Berlin), Albrecht Penck (1885-1906 in Wien) und Friedrich Ratzel (1886-1904 in Leipzig). Auch an einigen anderen deutschen Universitäten wirkten bekannte Geographen mit großem Einfluß und Ausstrahlung, z.B. Joseph Partsch in Breslau, Alfred Kirchhoff in Halle oder Hermann Wagner in Göttingen. Im Vergleich damit hat an der fränkischen Provinzuniversität Erlangen Eduard Pechuel-Loesche mit bescheidensten Ressourcen getreulich seine Pflicht erfüllt und die Fächer Geographie und Völkerkunde würdig und in Ehren vertreten.

Im Wechselspiel von Aktivitäten und Rivalitäten der großen Meinungsführer und Meinungsmacher mischte er allerdings nicht mit; das lag ihm nicht, und das brauchte er nicht. Auch verfaßte er keine richtungweisenden oder bahnbrechenden Beiträge in den renommierten wissenschaftlichen Zeitschriften. Die Infrastruktur des 1899 errichteten Geographischen Seminars war im übrigen personell, finanziell und räumlich nicht weit von Null entfernt. Wie fast alle Lehrstühle und Seminare der damaligen Erlanger Philosophischen Fakultät verfügte auch das Seminar für Geographie nur über eine äußerst bescheidene Ausstattung: Für den Professor und seine wenigen Hauptfach-Studenten genügten zwei Räume in der Orangerie. Einziges Kapital war die wertvolle geographisch-völkerkundliche Sammlung, die Pechuel-Loesche auf seinen früheren Forschungsreisen erworben hatte, und die er der Universität übereignete. Aufgrund eines schweren Herzleidens wird Eduard Pechuel-Loesche am 8.8.1912 von seinen Vorlesungsverpflichtungen entbunden; am 29.5.1913 ist er in München gestorben (ausführlicher über E. Pechuel-Loesche bei S. GÜNTHER 1913, F. LINNENBERG 1963, H. STEIN 1972, S. 94-98, F. TICHY 1993).

Robert Gradmann

Wilhelm Volz, 1913 als Nachfolger Pechuel-Loesches nach Erlangen berufen, folgte schon 1918 einem Ruf nach Breslau. 1914-1918 war er als Reserveoffizier ortsabwesend und vom Lehrbetrieb beurlaubt. Ihm ist es zu verdanken, daß das Geographische Institut 1913 eine etwas geräumigere Bleibe im zweiten Stock des „Roten Hauses", Hauptstraße 28 1/2 zugewiesen bekam. Neue Impulse erhielt die Erlanger Geographie aber erst nach dem Ersten Weltkrieg mit der Berufung von Robert Gradmann (1865-1950). Seinem Wirken als Ordinarius in Erlangen — von 1919 bis 1934 — ist es zu verdanken, daß die hiesige Geographie zwischen den beiden Weltkriegen wissenschaftlich hoch angesehen war.

Zunächst einmal konnte Gradmann durch geschickte Berufungsverhandlungen — er hatte fast gleichzeitig je einen Ruf an die Universitäten Königsberg und

Würzburg erhalten — die finanzielle, räumliche und personelle Situation der Erlanger Geographie deutlich verbessern: Ein bescheidener Bibliotheksetat erlaubte die Anschaffung der wichtigsten Bücher und Zeitschriften. Das Institut konnte 1920 in drei Zimmer einer umgebauten Wohnung im ersten Stock des Eckgebäudes Hauptstraße/Schloßplatz 1 umziehen; im Erdgeschoß wurde in drei weiteren Räumen die völkerkundliche Sammlung untergebracht (vgl. FRANZ TICHY 1993, S. 7). Außer dem Lehrstuhlinhaber war nun noch ein Assistent angestellt, der auch die Aufgaben einer Schreibkraft, des Bibliothekars und des technischen Mitarbeiters bewältigen mußte. Angesichts von immerhin 81 Studierenden im Fach Geographie 1929 war das immer noch eine sehr knappe personelle Besetzung. Alle Anträge Gradmanns auf zusätzliche Stellen scheiterten aber an den damals infolge der Weltwirtschaftskrise außerordentlich knappen finanziellen Ressourcen.

Robert Gradmann, der im Alter von schon 54 Jahren als ausgewiesener Wissenschaftler nach Erlangen kam, war einer der führenden deutschen Siedlungsgeographen. Seine viel diskutierte *„Steppenheidetheorie"* stützt sich in einem erstaunlich modernen umweltorientierten Ansatz auf die vielfältigen Wechselwirkungen zwischen Böden, natürlicher Vegetation, Klimaentwicklung, Landnahme, Rodung, Siedlungsformen und Flurorganisation. Diese Konzeption kommt der heutigen Geoökologie schon sehr nahe: Gradmann analysiert die Verknüpfungen und Beeinflussungen zwischen natürlicher Umwelt und menschlicher Tätigkeit, sieht den Systemzusammenhang zwischen Klimaschwankungen, Pflanzenverbreitung und anthropogenen Landschaftsveränderungen und verfolgt die Dynamik der Wandlungsprozesse im Mensch-Umweltsystem. Dabei ist er breit interdisziplinär orientiert und baut die Forschungsergebnisse von Archäologie, Ur- und Frühgeschichte, Botanik und Pflanzengeographie, Klimakunde, Siedlungsgeographie, Agrargeschichte und Flurformenforschung in seine Theorie mit ein.

Im Zentrum von Gradmanns späterem Lebenswerk stand aber die landes- und länderkundliche Erfassung *Süddeutschlands*. Seine inhaltlich bahnbrechende und sprachlich brillante zweibändige Monographie „Süddeutschland" (1931) ist im wesentlichen in den Erlanger Jahren entstanden. Sie wurde für Jahrzehnte zu einem hoch geschätzten und allseits anerkannten Standardwerk der Länderkunde. Noch heute kann man sie Studienanfängern als Einstiegslektüre warm empfehlen.

Robert Gradmann war kein Mann der lauten Töne; er kämpfte nicht mit Ellenbogen, und Intrigen war er fast wehrlos ausgesetzt. Deshalb gehörte er sicher nicht zu den tonangebenden und lehrstuhlbesetzenden „Platzhirschen" der deutschen Geographie zwischen den beiden Weltkriegen. Das waren Albrecht Penck in Berlin, Alfred Hettner in Heidelberg und Alfred Philippson in Bonn. Desungeachtet war er einer der angesehensten Vertreter des Faches Geographie in Deutschland (ausführlicher über Robert Gradmann bei F. METZ 1950/51, O. BERNINGER 1951, F. HUTTENLOCHER 1951, F. LINNENBERG 1964/65).

Unter der Betreuung und Federführung von Robert Gradmann promovierte am Erlanger Institut für Geographie 1932 auch *Walter Christaller* mit seiner Dissertation „*Die zentralen Orte in Süddeutschland*". Diese mit „summa cum laude" bewertete Monographie sollte die vielleicht berühmteste geographische Doktorarbeit unseres Jahrhunderts werden. Christallers Theorie zentralörtlicher Systeme, die beim Promotionsverfahren in Erlangen erstmals einer wissenschaftlichen Öffentlichkeit vorgestellt wurde, hat in den vergangenen Jahrzehnten einen beispiellosen Siegeszug angetreten. Sie gilt heute für Geographie, Raumwirtschaftslehre, Stadtforschung und Standorttheorie als eine bahnbrechende Grundkonzeption, und sie ist von größter Bedeutung für Raumordnungspolitik und Planungspraxis geworden. Als grundlegende Theorie zur Erklärung und Gestaltung der räumlichen Ordnung wurde sie zu einem wichtigen Instrument der Raumordnung und Landesplanung — insbesondere für die Schaffung gleichwertiger Lebensbedingungen im ländlichen Raum abseits der großen industriellen Ballungszentren. In den Jahrzehnten 1960-1980 arbeiteten fast alle Planer mit dem Christallerschen Modell. Dieses hatte aber auch in den theoretischen Konzeptionen der schwedisch-angelsächsischen New Geography einen hohen Stellenwert, insbesondere nach der Übersetzung von Christallers Werk ins Englische, die 1957 angefertigt und 1966 veröffentlicht wurde (vgl. C. W. BASKIN 1957, K.-H. HOTTES u. P. SCHÖLLER 1968, E. WIRTH 1982).

Geographie zur Nazizeit

Robert Gradmann wurde 1934 emeritiert, und damit kommen wir schon in die Zeit des „Dritten Reiches". Wir können diese zwölf Jahre nicht schweigend oder mit ein paar belanglosen Floskeln übergehen, und wir wollen sie erst recht nicht verharmlosen. Ebenso verfehlt wäre aber die gnadenlose und pauschale Verurteilung meiner Generation und der Generation meiner Väter durch junge, erst nach 1939 oder gar erst nach 1945 geborene Leute, denen zufolge man schon als Nazi galt, wenn man einen Brief an eine Behörde mit „Heil Hitler" oder „mit deutschem Gruß" unterschrieb, oder wenn man in das Vorwort zu einem wissenschaftlichen Werk einige Nazi-freundliche Sätze einschaltete. „Der billige Fingerzeig auf diese oder jene Aussage, wie sie aus Zeitschriftenaufsätzen und Vorträgen der Zeit abgeschrieben werden kann, sagt ohne Einbeziehung der Zeit- und Persönlichkeitsgeschichte wenig aus über ein Menschenleben und die Leistungen eines Wissenschaftlers" (G. SANDNER 1983, S. 66).

Meines Erachtens durchaus zu Recht schreibt deshalb Alfred Wendehorst in seiner Geschichte der Friedrich-Alexander-Universität Erlangen-Nürnberg (1993, S. 179) zu Beginn des Kapitels „Unter dem Hakenkreuz (1933-1945)": „In vielen neueren Äußerungen zur Geschichte der deutschen Universitäten während des sogenannten Dritten Reiches wird dieser Abschnitt, falls vorhanden, als Anklage geschrieben, voll ehrlicher Empörung, doch von ebenso unproblematischer Selbstgerechtigkeit und einem selbstverständlichen Anspruch auf moralische Überlegenheit. Wer gegen Hitler gekämpft hatte, war gut, wer an der Seite des Scheusals gestanden hatte, war schlecht. Aber mit dem Mehr- und Besserwissen späterer Generationen allein läßt sich dieses Kapitel nicht schreiben. Die Relevanz von Einzelheiten und deren Bündelung können ebenso wie Mentalitätsveränderungen nur aus der Rückschau richtig eingeordnet werden".

Wie vielschichtig und kompliziert die Verhältnisse während der Nazizeit waren, läßt sich am Beispiel von *Friedrich Metz* (1890-1969) zeigen, der 1934 als Nachfolger von R. Gradmann auf den Erlanger Lehrstuhl für Geographie berufen wurde. Der Schwerpunkt des wissenschaftlichen Werks von Friedrich Metz lag bei der Deutschen Landes- und Volksforschung und beim Grenz- und Auslandsdeutschtum. Als Frontoffizier des Ersten Weltkrieges war Metz deutschnational eingestellt — aber das waren auch der Jude Alfred Philippson, die Vierteljuden Alfred Hettner und Alfred Rühl, oder Wilhelm Credner und Leo Waibel, die „nicht-arisch" verheiratet waren. In seinem Engagement für die nach dem Ersten Weltkrieg an die Siegermächte abgetretenen Gebiete deutschen Volkstums war Metz schon im Dezember 1931 in Innsbruck der NSDAP beigetreten; er gehörte damit zu den „Alten Kämpfern", und er trug das goldene Parteiabzeichen.

Sobald Metz 1934 in Erlangen Fuß gefaßt hatte, begann er eine Kampagne gegen die Benennung des neu gegründeten Gaus „Bayerische Ostmark" (Oberfranken, Oberpfalz, Niederbayern). Streitbar legte er dar, daß die Bayerische Ostmark nicht in Bayern, sondern im Südosten Mitteleuropas liege und insbesondere die Mark Kärnten und Steiermark umfasse. Darüber hielt er mitreißende Vorträge in den Städten des Gaus Bayerische Ostmark, bis ihm der Gauleiter Hans Schemm — bzw. nach dessen Flugzeugabsturz am 1.3.1935 sein Nachfolger Fritz Wächtler — das Betreten des Gaus verbot. Nunmehr verlegte Metz seine Vorträge an die Gaugrenze: nach Hersbruck, Schnaittach, Velden. Bei diesbezüglichen Vorträgen in Erlangen (Gau Franken) lud er mit großen Plakaten ein, die in Forchheim und Bamberg (Gau Bayer. Ostmark) angeschlagen wurden. Um Metz in seiner Auseinandersetzung mit Schemm den Rücken zu stärken, nominierte ihn der akademische Senat für 1935 zum Rektor der Universität Erlangen. Daraufhin versetzte ihn Schemm — der seit 16.3.1933 auch Bayerischer Kultusminister war — Anfang 1935 auf den geographischen Lehrstuhl der Universität Freiburg, wo Metz 1936-1938 Rektor wurde (über Hans Schemm vgl. R. ENDRES 1995).

Auch hier hatte er bald wieder Krach. Nach dem „Anschluß" Österreichs an das Reich 1938 wandte er sich mit Nachdruck gegen Versuche der Gauleitung in Innsbruck, das alemannische Vorarlberg dem bajuwarischen Tirol einzuverleiben. Auch verurteilte er nachdrücklich Hitlers Nachgiebigkeit angesichts der Italianisierung Südtirols im Interesse der Achse Berlin-Rom — im Zusammenhang damit wurde er im März 1938 als Rektor der Universität Freiburg abgesetzt —, und er wandte sich nach 1941 entschieden gegen das rücksichtslose Vorgehen der Nazis im Elsaß mit Zwangs-Eindeutschungen usw.

Die von Adolf Hitler favorisierte Geopolitik lehnte er als Pseudowissenschaft mit scharfen Worten ab. Dankbar erkennen auch überzeugte Gegner des Hitler-

Regimes an, daß Metz oft seinen Einfluß geltend gemacht hat, um Kollegen zu helfen, die von den Nazis verfolgt oder benachteiligt wurden. Als Rektor holte er gegen den Willen des Gauleiters angesehene, den Nationalsozialismus ablehnende Gelehrte nach Freiburg. Heinrich Schmitthenner, der Herausgeber der von dem „Nichtarier" Hettner geprägten „Geographischen Zeitschrift", fand bei ihm immer wieder Rat und Hilfe (vgl. G. SANDNER 1983; ausführlicher über Friedrich Metz bei E. MEYNEN 1970).

Sicherlich, Friedrich Metz ist ein Sonderfall, und er soll nicht ablenken von den überzeugten und linientreuen, ja verbohrten und fanatischen Nazis unter den Hochschullehrern der Geographie. Dazu gehören z.B. Hans Mortensen, der Reichsobmann für Geographie im NSLB, und Johannes Gellert, der in SA-Uniform Vorlesung hielt, aber auch Ewald Banse, Albert Kolb, Hans Schrepfer oder Oskar Schmieder. Einige von ihnen, insbesondere Siegfried Passarge und Wolfgang Panzer, haben sogar jüdische Kollegen diffamiert und gegen sie eine gnadenlose Hetze inszeniert. Nicht viel besser sind in meinen Augen ehemals überzeugte Nazis, die sich nach 1945 als Antifaschisten und Verfolgte des Naziregimes uminterpretierten — z.B. ein heute hochbetagter Emeritus der Geographie an einer süddeutschen Hochschule. Auf der anderen Seite gab es eine ganze Reihe integrer Persönlichkeiten, die sich jeder Hetze und persönlicher Diffamierung Andersdenkender widersetzten, und die den nichtarischen Kollegen zu helfen versuchten. Ich nenne hier nur Carl Rathjens sen., Carl Troll, Fritz Jaeger, Ernst Plewe, Wilhelm Credner und Heinrich Schmitthenner.

Alles in allem haben die Erlanger Geographen die zwölf Jahre des „Tausendjährigen Reiches" mit weitgehend weißer bis allenfalls hellgrauer Weste überstanden. Zunächst gab es große Schwierigkeiten, einen Nachfolger für Metz zu finden. Die Kleinstadt Erlangen war als Hochschulstandort nicht gefragt. Auf der Erlanger Berufungsliste vom Februar 1936 standen Carl Troll, Hermann Lautensach und Hans Dörries. Allen dreien lagen aber fast gleichzeitige Berufungen an andere Universitäten vor, denen sie den Vorzug gaben. So erhielt der Erlanger Privatdozent Otto Berninger den Lehrstuhl Gradmanns.

Ähnliches wiederholte sich übrigens bei den Berufungen in der Nachfolge Berninger 1963 und in der Nachfolge Wirth 1990: Erlangen als beschauliche Provinzstadt und das bescheiden ausgestattete Institut für Geographie galten nach wie vor als wenig attraktiv, so daß die an erster Stelle der Liste stehenden Ordinarien — 1963 Wolfgang Meckelein und 1990 Eckart Ehlers — absagten. Daß an einem weniger attraktiven *Hochschulstandort* trotzdem herausragende *wissenschaftliche Leistungen* möglich sind, hat schon Robert Gradmann gezeigt. In Erlangen weint man, so wird gesagt, nur zweimal: Wenn man an einem trüben Novembermorgen auf dem trostlosen Erlanger Bahnhofsplatz zum ersten Mal ankommt, und wenn man viele Jahre später wieder gehen muß.

Über *Otto Berninger* (1898-1990), den Erlanger Lehrstuhlinhaber für Geographie von 1936 bis 1964, hat Ingo Kühne im Band 38 (1991) unserer Mitteilungen der FGG sehr ausführlich und einfühlsam berichtet. Ich kann mich deshalb kurz fassen. In den Jahren seiner Tätigkeit als Ordinarius in Erlangen stand Berninger mit seiner zurückhaltenden, vornehmen und bescheidenen Art etwas im Schatten des Erlanger Lehrstuhlinhabers für Geologie, Hugo von Freyberg (1894-1981), einer sehr selbstbewußten und dominierenden Persönlichkeit. Dieser gab als ehemaliger Offizier des Ersten Weltkriegs die Marschrichtung der Erlanger Geowissenschaften vor. Da Freyberg überzeugter Nationalsozialist und seit 1933 auch Senator war, fiel es letztlich gar nicht auf, daß sich Berninger der Partei gegenüber betont zurückhielt. Auch sein junger und sehr dynamischer Assistent *Erich Otremba*, seit 1.1.1938 am Erlanger Institut tätig, konnte eine gewisse Distanz zu den Nazis halten, da er mit Kriegsbeginn zum Wehrdienst eingezogen wurde.

Ein schönes Beispiel für die recht distanzierte Einstellung der Erlanger Geographen ist der von Hans Scherzer 1940 herausgegebene Sammelband „Gau Bayerische Ostmark. Land, Volk und Geschichte". Diese landeskundliche Monographie war als Gemeinschaftsarbeit „heimatkundlich und wissenschaftlich tätiger Kreise" konzipiert, unter maßgeblicher Beteiligung von Hochschullehrern der Universität Erlangen einerseits und Lehrern und Dozenten der 1934/35 von Hans Schemm gegründeten, stark nationalsozialistisch orientierten Hochschule für Lehrerbildung in Bayreuth andererseits. Die Erlanger Fachvertreter für Geographie und Geschichte beschränkten ihre Mitarbeit auf je ein unumgängliches Minimum, und sie lieferten zu dem 526 Druckseiten umfassenden Werk nur kurze, wissenschaftlich in jeder Hinsicht satisfaktionsfähige Beiträge ohne nationalsozialistische Einfärbung: Erich Otremba über „Die Wirtschaft des Gaues Bayerische Ostmark" (S. 134-156), Otto Berninger über „Die Entwicklung des Verkehrs" (S. 156-174) und Erich Frh. von Guttenberg über „Die politischen Mächte des Mittelalters (8. bis 14. Jahrhundert)" (S. 214-275).

Weitgehend isoliert vom Text dieser Monographie hat dann der Gauamtsleiter Karl Weber, Leiter der Erlangen-Bayreuther Forschungsgemeinschaft Bayerische Ostmark, in einem Schlußwort als maßgeblichen Grundsatz für die gemeinsame Arbeit proklamiert, „daß Aufgabe und Zielsetzung der Forschungsgemeinschaft allein vom politischen Handeln der Führung des Gaues bestimmt wird. Deshalb ist engste Fühlungnahme mit dem Hoheitsträger vor, während und nach der Bearbeitung von ausschlaggebender Bedeutung". Anspruch und Wirklichkeit klafften hier weit auseinander.

Zum Schluß nochmals eine sehr bezeichnende Episode: Im Wintersemester 1941/42 wurde Erich Otremba einige Monate vom Wehrdienst beurlaubt, um seine Habilitation vorzubereiten. Eine Viertelstunde vor dem öffentlichen Habilitationscolloquium im Februar 1942 meldete er sich beim damaligen Dekan der Naturwissenschaftlichen Fakultät, dem Botaniker Julius Schwemmle. Dieser fragte ihn, ob er Mitglied der NSDAP sei. Am Colloquium würden auch der Gaudozentenführer und ein Vertreter des Nationalsozialistischen Deutschen Studentenbundes teilnehmen, die gegenüber Nicht-Parteimitgliedern oft sehr ruppig und ungnädig wären. Als Otremba verneinte, heftete ihm Schwemmle sein eigenes Parteiabzeichen mit den Worten ans Jackett: „Vergessen Sie aber nicht, es mir nach dem Colloquium wieder zurückzugeben". Damit war ein reibungsloser und ungestörter Ablauf des Habilitationscolloquiums gesichert.

Die Jahrzehnte seit 1945

Mit dem Ende des Zweiten Weltkrieges begann dann die Zeit dynamischen Wachstums; das Erlanger Institut für Geographie wurde in den fünfzig Jahren seit 1945 zu einer modernen, leistungsfähigen und international angesehenen Institution akademischer Forschung und Lehre ausgebaut. Mit dem Wiederbeginn der Vorlesungen in Erlangen nach Kriegsende um die Jahreswende 1945/46 stieg die Zahl der Geographiestudenten sprunghaft an, von 93 (1944) auf 360 (1947/48); sieben Geburtsjahrgänge der Kriegsgeneration drängten damals an die von Bombenschäden weitgehend verschont gebliebene Universität. Ich selbst gehörte auch dazu, als ich vor 50 Jahren mit dem Studium in Erlangen begann. In den wenigen Institutsräumen am Schloßplatz herrschte drangvolle Enge, und für die geographischen Hauptvorlesungen mußten die größten Hörsäle des Kollegienhauses reserviert werden — oft schon morgens ab sieben Uhr und noch am späten Abend.

Darüber hinaus gab es in den ersten Nachkriegsjahren erhebliche personelle Engpässe; denn sowohl Otto Berninger als auch Erich Otremba wurden durch die amerikanische Besatzungsmacht zeitweise vom Dienst suspendiert: Otto Berninger wurde im Wintersemester 1945/46 für einige Wochen und 1947/48 für ein ganzes Jahr des Dienstes enthoben, da er seit 1939 Anwärter für die Mitgliedschaft in der NSDAP gewesen war. Otremba war bis September 1945 sogar im berühmt-berüchtigten amerikanischen Internierungslager Hammelburg, da er der legendären „Forschungsstaffel" angehört hatte. Im Anschluß daran erhielt er Vorlesungsverbot, das erst im Sommer 1947 aufgehoben wurde. So standen für den Lehrbetrieb in Geographie erst ab 1948 zwei Habilitierte mit Prüfungsbefugnissen zur Verfügung.

Es war das große Verdienst von Otto Berninger, den Umzug des Instituts in die Seminargebäude an der Kochstraße in den Jahren 1955 (Kochstr. 6) bzw. 1957 (Kochstr. 4) in die Wege geleitet zu haben; damit wurden endlich die räumlichen Voraussetzungen für die Betreuung weiter anwachsender Studentenzahlen und für erfolgreiche wissenschaftliche Arbeit geschaffen. Berningers Initiative ist es auch zu verdanken, daß das Institut zusätzlich zum Ordinarius und Assistenten eine Diätendozentur und je eine Stelle für Sekretariat, Kartographie und Technischen Dienst erhielt. Tatkräftig unterstützt wurde er dabei von Erich Otremba (1910-1984; in Erlangen 1938-1939, 1943-1951). Als dieser nach Hamburg berufen wurde, folgte ihm auf der Diätendozentur Joachim Blüthgen (1912-1973; 1951-1963 in Erlangen). Ihm verdanken wir ein in den Erlanger Jahren geschriebenes „Handbuch der Allgemeinen Klimageographie" (vgl. O. BERNINGER 1974/75).

Dieser immer noch in keiner Weise ausreichende Personalbestand konnte dann durch die in der Nachfolge von Otto Berninger berufenen Ordinarien Franz Tichy und Eugen Wirth (seit 1964) und Wolf Hütteroth (seit 1972) systematisch erweitert und ausgebaut werden. Gleichzeitig damit wurden in gegenseitiger Absprache neue Felder geographischer Forschung erschlossen. In engem Kontakt mit dem von 1971 bis 1981 laufenden Schwerpunktprogramm „Gegenwartsbezogener Orient" der Stiftung Volkswagenwerk und von diesem tatkräftig unterstützt, wurde das Institut für Geographie in Erlangen zum Pionier und Wegbereiter *moderner gegenwartsbezogener Feldforschung im Orient*. In vielfältiger interdisziplinärer Zusammenarbeit mit wissenschaftlichen Institutionen, Arbeitskreisen und Forschergruppen sowohl der westlichen Welt als auch des Orients hat die Erlanger Orient-Geographie international hohes Ansehen errungen. Als Ergebnis von dreißig Jahren gegenwartsbezogener Orientforschung liegen heute viele Bücher, hunderte von Aufsätzen, eine große Zahl von Dissertationen und zehn Habilitationsschriften vor, von denen drei den Preis der Naturwissenschaftlichen Fakultäten für die jeweils beste Habilitation des Jahres erhielten (Klaus Müller-Hohenstein, Horst Kopp und Ulrike Rösner). Bei Wolf Hütteroth promovierte eine ganze Reihe von jungen türkischen und arabischen Doktoranden, die heute in ihrer Heimat als Hochschullehrer und Institutsdirektoren tätig sind (vgl. W. HÜTTEROTH et al. 1981).

Erlanger Orient-Geographen waren auch maßgeblich beteiligt an dem großen, mit insgesamt fast 50 Mio. DM dotierten Schwerpunktprogramm der DFG *„Tübinger Atlas des Vorderen Orients"* — als federführende Fachgutachter, Berater, Mitarbeiter und Autoren. Horst Kopp war zwölf Jahre lang als wissenschaftlicher Koordinator des TAVO in Tübingen tätig, bevor er nach Erlangen zurückkehrte. Er konzipierte noch während seiner Erlanger Zeit das interdisziplinäre und interuniversitäre Forschungsprojekt „Entwicklungsprozesse in Raum, Wirtschaft und Gesellschaft der Arabischen Republik Jemen", für das die Stiftung Volkswagenwerk Anfang 1981 ca. eine Mio. DM bewilligte, und dessen Ergebnisse in acht Bänden der „Jemen-Studien" veröffentlicht wurden.

Weitere Schwerpunkte Erlanger geographischer Forschung in den vergangenen dreißig Jahren waren die Mitarbeit Franz Tichys und seines Teams am großen *Mexiko-Projekt der Deutschen Forschungsgemeinschaft* mit vielen grundlegenden Beiträgen, sowie Forschungen zur Vegetation des Mittelmeergebiets, zur eiszeitlichen Vergletscherung der Alpen mit dem daraus resultierenden Formenschatz und nicht zuletzt auch Untersuchungen zur Physischen Geographie und zur Kultur- und Wirtschaftsgeographie in Franken.

Die im Jahre 1954 von Otto Berninger und Joachim Blüthgen gegründete *Fränkische Geographische Gesellschaft* mit Sitz in Erlangen berichtet über die Ergebnisse dieser Arbeiten in zwei Schriftenreihen, den „Mitteilungen der Fränkischen Geographischen Gesellschaft" und den „Erlanger Geographischen Arbeiten". Weit über den heimatlichen Nahraum Franken hinaus bringen beide Reihen auch Aufsätze und Monographien, die sich mit geographischen Problemen Europas, des Orients und überseeischer Kontinente befassen.

Daraus wird schon ersichtlich, daß auch die Regionale Geographie von Ländern außerhalb Mitteleuropas zu den Erlanger Forschungsschwerpunkten gehört. Zum Beispiel hat jeder der drei Erlanger Ordinarien in den 70er und 80er Jahren je einen umfangreichen Band der von der Wissenschaftlichen Buchgesellschaft herausgegebenen Reihe „Wissenschaftliche Länderkunden" verfaßt: „Syrien", „Türkei" und „Italien". So ist es nur folgerichtig, daß 1994 Horst Kopp zum Sprecher des nunmehr sehr dynamischen interdisziplinären und interuniversitären *Forschungsverbundes FORAREA* gewählt wurde — des einzigen Forschungsverbunds, den der Freistaat Bayern für die Disziplinen der Kultur- und Sozialwissenschaften errichtet hat; mit ihm sollen Projekte der außereuropäischen Regionalforschung gefördert und koordiniert werden.

Die Erlanger Geographie ist schließlich nach wie vor sehr aktiv an Forschungen zur Deutschen Landeskunde beteiligt. Von 1921 bis 1929 war Robert Gradmann Vorsitzender der Zentralkommission für wissenschaftliche Landeskunde von Deutschland, des heutigen *Zentralausschusses für Deutsche Landeskunde*, zu seiner Zeit eine der wichtigsten Institutionen der Geographischen Wissenschaft in Deutschland. Sein Nachfolger auf dem Erlanger Lehrstuhl, Friedrich Metz, folgte ihm in dieser Position von 1930 bis 1944. Im Anschluß daran war Erich Otremba eines der aktivsten Mitglieder des Zentralausschusses. Zeitweise stand er sogar an der Spitze des nach Scheinfeld ausgelagerten „Amtes für Landeskunde". Auch der derzeitige Vorsitzende des Zentralausschusses für Deutsche Landeskunde, Klaus Wolf, und drei weitere ordentliche Mitglieder stammen aus dem Institut für Geographie in Erlangen oder sie waren hier zeitweise tätig.

Nach der Emeritierung von Franz Tichy (1986), Eugen Wirth (1990) und Wolf Hütteroth (1996) führt die nachfolgende Generation jüngerer Wissenschaftler einen Teil der bisherigen Forschungsschwerpunkte mit neuen Fragestellungen und Arbeitsmethoden weiter (Horst Kopp, seit 1991); daneben werden aber regional und inhaltlich auch andere Akzente gesetzt (Uwe Treter, seit 1986). Damit ist gewährleistet, daß die Erlanger Geographie auch im zweiten Jahrhundert ihres Bestehens jung, dynamisch und leistungsfähig bleiben wird — gemäß dem Wort von Thomas Morus: „Tradition heißt nicht, die Asche aufzubewahren, sondern die Glut weiterzutragen".

Der Standort Erlangen im Kommunikations- und Interaktionssystem der deutschen Geographie

Obwohl es außerordentlich schwierig und mit der Gefahr erheblicher Selbsttäuschungen und perspektivischer Verzerrungen verbunden ist, sollten sich Wissenschaftler gelegentlich selbstkritisch fragen, welche Rolle sie im Kommunikations- und

Interaktionssystem der Wissenschaftler und Universitäten ihres nationalen und internationalen Umfeldes spielen, und welchen Rang man ihnen zubilligen könnte. Dabei ist zu unterscheiden zwischen dem Ergebnis kritischer Selbstbeurteilung (Selbstbild, Eigenimage), dem Ergebnis einer Beurteilung durch andere (Fremdbild, Fremdimage) und der eigenen Perzeption und Einschätzung dieses Fremdimages — also der Vorstellung und Interpretation dessen, was andere über uns denken. Mit einigen Vorbehalten könnte man vielleicht die folgende Einordnung wagen:

In den ersten beiden Jahrzehnten nach 1945 war Carl Troll in Bonn die überragende und dominierende Persönlichkeit der deutschen Geographie. Seit dessen Emeritierung 1966 gibt es in Deutschland ein knappes Dutzend Geographischer Institute, die in bestimmten Teilbereichen der Regionalen und/oder der Allgemeinen Geographie international anerkannt, ja richtungweisend sind, die etwas bewegt haben und die die Forschungsfront markieren. Diese Institute werden meist durch Wissenschaftler geprägt, denen aufgrund ihrer wissenschaftlichen Leistungen und/oder Reputation Ansehen, Autorität und Einfluß zugebilligt werden. Viele der solcherart tonangebenden Persönlichkeiten sind auch bereit, als Sprecher wissenschaftlicher oder akademischer Institutionen und für Aufgaben der Forschungsselbstverwaltung viel Zeit zu opfern und Arbeit zu investieren.

In den vergangenen dreißig Jahren gehörte das Institut für Geographie in Erlangen sehr wahrscheinlich zu diesem Dutzend führender Institute. Ernst Giese (1988) hat einen Katalog von Indikatoren aufgestellt, nach denen wissenschaftliche Leistung, Reputation und Prestige von Hochschullehrern gemessen werden können. Fast alle Punkte seines Katalogs treffen auch auf die seit etwa 1965 in Erlangen tätigen Geographen zu:

1. Gewählte Fachgutachter der DFG und der Stiftung Volkswagenwerk; Vorsitz von wissenschaftlichen Vereinigungen
2. Veranstaltung von Großkongressen; repräsentative Festvorträge und Hauptvorträge
3. Durchführung großer erfolgreicher Forschungsprojekte; Einwerbung erheblicher Drittmittel (DFG und VW)
4. Zahl der betreuten Habilitationen, Qualität der Habilitationsschriften und erfolgreiche akademische Laufbahn der Habilitierten (Tab. 5)
5. Mitgliedschaft in Wissenschaftlichen Akademien, Preise, Ehrungen, Akademie-Stipendien; Berufungen an angesehene Fakultäten anderer Universitäten, Einladung zu Gastprofessuren an renommierten ausländischen Hochschulen
6. Zahl, Umfang und Gewicht der wissenschaftlichen Publikationen sowie Tätigkeit als federführender Herausgeber von renommierten Veröffentlichungsreihen — als Indikatoren für wissenschaftliche Produktivität und Beteiligung an Spitzenforschung.

Tab. 5: Berufungen von jungen Wissenschaftlern des Erlanger Instituts für Geographie auf Lehrstühle (Professuren) anderer Universitäten

Erich Otremba:	1951	Hamburg (1963 Köln)
Joachim Blüthgen:	1962	Münster
Gudrun Höhl:	1965	Mannheim
Wolf Hütteroth:	1969	Köln (1972 Erlangen)
Horst-Günter Wagner:	1970	Kiel (1974 Würzburg)
Erwin Grötzbach:	1971	Hannover (1979 Eichstätt)
Klaus Wolf:	1971	Frankfurt
Helmut Ruppert:	1974	Bayreuth
Günter Heinritz:	1975	TU München
Enno Seele:	1976	Osnabrück
Klaus Dettmann:	1976	Bayreuth
Hans Becker:	1976	Bamberg
Klaus Müller-Hohenstein:	1979	Bayreuth
Helmut Stingl:	1979	Eichstätt (1982 Bayreuth)
Horst Kopp:	1979	Tübingen (1991 Erlangen)
Ernst Löffler:	1985	Saarbrücken
Herbert Popp:	1985	Passau (1994 TU München)
Günter Meyer:	1993	Mainz
Winfried Killisch:	1993	Dresden
Anton Escher:	1995	Mainz

„Mitarbeiter sind die einzige Quelle für Wachstum, Entwicklung, Intelligenz, Ideen, Kreativität, Aktivität, Wollen, Motivation und immer stärkere Verzinsung statt Abschreibung. Personalentwicklung ist folglich der Motor dafür. ..... Angepaßtes Wohlverhalten darf nicht über Intelligenz, sachliche Auseinandersetzung, bereitwillige Aktivität und berufliche Motivation siegen." (Handelsblatt „Karriere", Mai/Juni 1993).

In diesen so erfolgreichen letzten dreißig Jahren erfreute sich die Erlanger Geographie allerdings auch *hervorragender institutioneller Rahmenbedingungen*. Sowohl die Friedrich-Alexander-Universität Erlangen-Nürnberg als auch das Bayerische Staatsministerium für Unterricht und Kultus haben die Forschungen unseres Instituts und die Heranziehung eines hochqualifizierten wissenschaftlichen Nachwuchses tatkräftig und großzügig unterstützt. Mein ganz persönlicher Dank gilt insbesondere der langjährigen Universitätsspitze (Präsident Fiebiger, Kanzler Köhler) und dem langjährigen Erlangen-Referenten im Kultusministerium (Ministerialrat Großkreutz). In Analogie zur räumlichen Kategorie des „Wohnumfeldes" könnte man von einer institutionellen Kategorie „Arbeitsumfeld" sprechen. Dieses war in den vergangenen dreißig Jahren so ausgezeichnet, daß ungeachtet mancher Berufung auf attraktive Lehrstühle anderer Universitäten die Erlanger Ordinarien der fränkischen Universitätsstadt treu geblieben sind.

Ist Geographie heute noch zeitgemäß?

Am Beginn meines Vortrags stand der Versuch, Stellung, Stand und Aufgaben der Geographie im Jahre 1895 skizzenhaft zu umreißen. Konsequenterweise sollte nun abschließend ein Ausblick auf die Geographie im Jahre 1995 folgen. Wir haben gesehen, daß Geographie, Erd- und Länderkunde vor einhundert Jahren ausgesprochen gegenwartsbezogen und gesellschaftsrelevant waren. Ihre Ergebnisse stießen bei einer breiten Bildungsschicht auf reges Interesse, und die Berichte über spektakuläre Expeditionen und Forschungsreisen waren ausgesprochene Bestseller, die gleichzeitig oder kurz hintereinander in drei bis fünf Sprachen erschienen. Die damalige Geographische Wissenschaft vermittelte viele allgemein interessierende neue Erkenntnisse, und sie gab Antwort auf Fragen, die die damalige „zivilisierte Welt" bewegten.

Gilt das in gleicher oder analoger Weise auch noch im Jahre 1995? Hat die Geographie als Wissenschaft noch etwas zu sagen? Gibt es noch ein Publikum, das für die Forschungsergebnisse der Geographie Interesse zeigt? Oder ist unsere Wissenschaft inzwischen in die Jahre gekommen, gealtert, vielleicht sogar vergreist? Vermitteln nicht die modernen neuen Medien Kenntnisse von Land und Leuten viel besser, anschaulicher, eindringlicher und überzeugender? Sind in unserer heutigen, auf sechsstellige Druckauflagen, hohe Einschaltquoten und täglich neue Sensationen ausgerichteten Informationsgesellschaft nüchternwissenschaftliche geographische Informationen überhaupt noch gefragt? Sind diese nicht langweilig, uninteressant? Ist Geographie also ein Auslaufmodell, das man ehrlicherweise abschaffen sollte? Auf solche Fragen, die keineswegs nur rhetorisch sind, seien in je unterschiedlichem Kontext drei Antworten versucht. Dabei müssen gelegentlich stichwortartige Hinweise genügen.

1.

Viele unserer *brennendsten Gegenwartsprobleme* lassen sich nicht eindeutig den alt-etablierten Universitäts-Fächern, Disziplinen oder Fakultäten zuordnen; sie liegen gewissermaßen quer zu der traditionellen Wissenschaftsorganisation. Dazu gehören z.B. Altersforschung, Krebsforschung, Weltraumforschung, Bildungsforschung, Zukunftsforschung, Risikoforschung, Friedens- und Konfliktforschung oder, mit geographischen Aspekten, Umweltforschung, Stadtforschung, Freizeitforschung (Naherholung, Urlaubsreisen), Erforschung des Waldsterbens, Klimaforschung mit Prognosen und Auswirkungen, Meeresforschung, Bevölkerungsexplosion und Nahrungsspielraum, Regionsbezogene Forschung (z.B. gegenwartsbezogene Orientforschung, Ostasienforschung usw.), Entwicklungsländerforschung, Probleme des ländlichen Raumes oder zu erwartende Verkehrsentwicklung und ihre Konsequenzen. Die Einheit solcher neuen, disziplinübergreifenden Spezialgebiete gründet in einem gemeinsamen Forschungsgegenstand oder in auf das gleiche Ziel gerichteten Problemlösungsstrategien.

Eine Beschäftigung mit diesen in breiter Öffentlichkeit diskutierten und oft auch politisch brisanten Themen erbringt Drittmittel und Prestige; deshalb versuchen einige Wissenschaftsdisziplinen, eine besondere Kompetenz für die Lösung solcher grundsätzlich interdisziplinären Problembereiche anzumelden: In der Stadtforschung fühlen sich vor allem Architekten und Planer zuständig, für ökologische Fragen Biologen und Forstwissenschaftler oder für die Entwicklungsländerforschung Wirtschaftswissenschaftler und Soziologen. Bei vielen ganz aktuellen Gegenwartsproblemen mindestens ebenso kompetent ist aber die Geographie; vor allem wo es um räumliche Zusammenhänge geht, hat sie ein gewichtiges Wort mitzusprechen. Geographie ist mit interdisziplinärer Zusammenarbeit über enge Fachgrenzen hinweg vertraut, sie hat einen Blick für übergreifende Zusammenhänge, und sie wirkt bei vielen Projekten als Klammer zwischen den daran beteiligten Wissenschaften.

Schon vor fast 20 Jahren, im Mai 1977, habe ich als Sprecher des Zentralverbands der Deutschen Geographen auf solche interdisziplinär angelegten, gegenwartsbezogenen Forschungsfelder der Geographie hingewiesen: „Es gibt viele Beispiele dafür, daß die Fragestellungen und Forschungsergebnisse der Geographie für die Analyse und Lösung grundlegender Probleme unserer Gesellschaft nutzbar zu machen sind: Luft- und Gewässerverschmutzung sowie Eingriffe in den Naturhaushalt, die Erkundung der Ozeane und Küsten als Lebens- und Rohstoffräume, die äußerst komplizierte gesellschaftliche und wirtschaftliche Situation der Entwicklungsländer und deren besondere physisch-geographische Bedingungen, Bevölkerungsexplosion und Nahrungsspielraum, der sich unaufhaltsam verstärkende Gegensatz zwischen strukturschwachen peripheren Räumen einerseits und bis an die Grenze des Tragbaren überfüllten Ballungszentren andererseits, Altstadtsanierung und 'Zersiedelung der Landschaft', Neufestlegung traditioneller Agrarstrukturen an die Erfordernisse einer modernen Industriegesellschaft, die Umverteilung der Bevölkerung als Ausfluß wachsender regionaler und interregionaler Mobilität — all das sind nur einige Beispiele von Gegenwartsproblemen, an deren wissenschaftlicher Analyse die Geographie wesentlichen Anteil hat, und bei deren Diskussion unsere Wissenschaft mit dazu beiträgt, Lösungsmöglichkeiten und die dabei zu erwartenden Konsequenzen aufzuzeigen." (Geographie im Dienste der Gemeinschaft, München 1977, S. 4).

Heute, im Jahr 1995, kann man einen noch viel detaillierteren Katalog ganz aktueller Beispiele zusammenstellen; die nachfolgende Liste ließe sich mühelos wesentlich erweitern. An nicht wenigen der nachstehend genannten gegenwartsbezogenen und gesellschaftsrelevanten Forschungsprojekten wirken Wissenschaftler des Erlanger Instituts für Geographie mit. Erstaunlich viele geographische Lehrstühle in der Bundesrepublik Deutschland werben auch alljährlich Hunderttausende von DM an Drittmitteln ein — ein wohl überzeugender Beleg dafür, daß die Öffentlichkeit an Ergebnissen geographischer Forschung interessiert und daß sie bereit ist, für deren Finanzierung zu sorgen.

* Geographen sind sehr aktiv und erfolgreich an der Lösung brennender *Gegenwartsprobleme der Neuen Bundesländer* beteiligt:
  - Völlige Umstrukturierung des Braunkohle-Tagebaus (Rekultivierung und Sanierung ausgekohlter Areale, Wiederinwertsetzung schon geräumter Dörfer, Planung bezüglich künftiger Abbaugebiete und Industriestandorte)
  - Grundlegender Wandel der Einzelhandelsstruktur (Shopping-Centers auf grüner Wiese versus Innenstädte, Rückzug der Grundversorgung vom flachen Lande). Der aus Erlangen stammende Geograph Günter Meyer ist hier mit mehreren Projekten beteiligt
  - Sanierung sozialistischer Großwohnanlagen in Plattenbauweise und Erneuerung von altem, verwahrlostem Baubestand in Innenstädten
  - Neuordnung des innerstädtischen und interstädtischen Verkehrs aufgrund des immensen Zuwachses an Kraftfahrzeugen
  - Ausweisung neuer Erholungsgebiete, ökologische Landschaftsplanung (Naturpark Untere Saale als Projekt des Erlanger Geographen Hilmar Schröder)
  - Umweltschäden durch sozialistische Landwirtschaft, Bodenabspülung im Löß (ebenfalls Projekt Hilmar Schröder)
  - Umstrukturierung der Ferienzentren an der Ostsee und in den Mittelgebirgen
  - Umbruch der räumlichen Struktur und der Verflechtungsmuster im ländlichen Raum aufgrund der Privatisierung in der Landwirtschaft.

* Sehr engagiert sind Geographen auch in der *Entwicklungsländerforschung* tätig. Teilweise wirken sie selbst in Projekten mit, teilweise tragen sie aber auch als unbeteiligte Beobachter zur Evaluation der deutschen Entwicklungshilfe bei. Das war z.B. auch das Thema eines Interdisziplinären Symposiums, das der Forschungsverbund FORAREA in Erlangen abgehalten hat (H. Kopp 1994). Die Erlanger Geographen Hans Hopfinger und Anton Escher befassen sich mit dynamischen Unternehmerpersönlichkeiten in ausgewählten Entwicklungsländern Nordafrikas und Vorderasiens. Sie zeigen, wie Privatinitiative zu nachhaltigen Impulsen wirtschaftlicher Entwicklung führen kann.

* Mit breiter Kompetenz beteiligt sich die Geographie schließlich an den aktuellen *Forschungsschwerpunkten Vegetationsgeographie und Geoökologie*. Die Universität Erlangen bietet hierfür sogar besonders günstige Voraussetzungen: Das Institut für Geographie bringt zwei Pflanzengeographen (Uwe Treter und Michael Richter) ein, das Institut für Botanik zwei Geobotaniker.

Die öffentliche Diskussion geoökologischer Fragen wurde in den vergangenen Jahrzehnten bedauerlicherweise von gewissen Modetrends beeinflußt: Das

Hauptaugenmerk der siebziger Jahre galt der Desertifikation, das Hauptaugenmerk der achtziger Jahre dem Waldsterben bei uns und das Hauptaugenmerk der neunziger Jahre den Eingriffen in den tropischen Regenwald und in die borealen Nadelwälder. Dabei wurden vorwiegend recht realitätsferne Katastrophenszenarios vorgetragen. Demgegenüber wird es künftig auf weniger spektakuläre, aber solide wissenschaftliche Arbeit ankommen. Der Erlanger Geograph Uwe Treter z.B. befaßt sich in einem DFG-Projekt mit dem Mosaikzyklus bei der Regeneration von Wäldern in Kärnten und in Kanada; er zeigt, daß gelegentliche Waldbrände keineswegs nur negative oder gar katastrophale Folgen haben.

Ein vielversprechender Schwerpunkt künftiger geographischer Forschung ist auch die Ökologie der Hochgebirgsregionen. Michael Richter und Hilmar Schröder vom Erlanger Institut für Geographie sind Sprecher einer deutschen Arbeitsgruppe, die sich mit Ressourcen, Risiken und Möglichkeiten für eine nachhaltige Nutzung der Hochgebirge befaßt. Mit Unterstützung durch die Deutsche Forschungsgemeinschaft betreibt in diesem Zusammenhang unser Erlanger Institut in der Hochatacama (Chile/Argentinien) die höchste Klimastation der Welt in fast 6000 m Meereshöhe!

2.

In Festansprachen, Jahresrückblicken und Zukunftsentwürfen wird es meist euphorisch als Fortschritt gepriesen, daß wir nicht mehr in einer Industrie-, sondern in einer *Informationsgesellschaft* leben. Im Idealfall meint man damit effiziente Informationsflüsse, produktive Informationen, soziale und kommunikative Kompetenz. Unsere heutige Informationsgesellschaft hat aber auch schwere Schattenseiten — vor allem was die Zahl und die Qualität der Informationen anbetrifft: Wir leben in einer Welt von *Informationsüberflutung* (information overkill) und *Falschinformationen* (information pollution), welche teils fahrlässig, teils vorsätzlich verbreitet werden. Früher war die Beschaffung von Informationen, heute ist deren Selektion das große Problem.

„Zwar ist die Realität ein klarer, eindeutiger Sachverhalt; die Wahrnehmung und Interpretation dieser Realität durch die Akteure wie auch die Darstellung in der Öffentlichkeit sind aber möglicherweise etwas ganz anderes" (aus einem Presse-Kommentar). Ziel vieler Informationen ist offensichtlich nicht mehr Wahrheit, Erkenntnis, Sachgemäßheit oder Aufklärung, sondern Beeinflussung, Manipulation, Vernebelung, Durchsetzung von verschleierten Interessen (Geld, Politik, Ideologie, Rechtfertigung). Moderne Desinformationstechniken werden immer raffinierter; ihre manipulative Kraft nimmt zu. Je publikumswirksamer eine Information inszeniert und verpackt ist, umso gläubiger wird sie aufgenommen. Daraus erwächst für die Geographie — wie für jede Wissenschaft — die *Verpflichtung, zuverlässig und sachgemäß zu informieren*.

Daß es heute bei Informationen immer weniger auf Zuverlässigkeit und Glaubwürdigkeit ankommt, zeigt sich schon bei den traditionellen Printmedien, denen man üblicherweise noch Vertrauen entgegenbringt: Bei der Formulierung des Stichworts „Jordan" für ein Nachschlagewerk wurde vor vierzig Jahren noch intensiv darüber diskutiert, wie man die Länge des Flusses berechnet: Nimmt man den wasserreichsten oder den längsten Quellfluß, bezieht man die Flußstrecke durch den See Genezareth mit ein, was macht man mit den vielen Mäandern im Unterlauf? Heute wird in den Redaktionen nur noch darüber diskutiert, welches Farbphoto vom Jordan am eindrucksvollsten ist.

In ähnlicher Weise nimmt die Verläßlichkeit von Landkarten und Reiseführern ab, die von kommerziellen Verlagen auf den Markt gebracht werden. Die Pläne der großen Städte im Orient oder in den USA oder in Indien wurden in den Führern von Baedeker und Meyer vor dem Ersten Weltkrieg für jede Auflage neu überarbeitet; sie sind damit für die Wissenschaft eine zuverlässige Quelle hinsichtlich Stadtentwicklung und Stadtmodernisierung. Heute werden Stadtpläne, Wander- und Autokarten zwar farbig recht ansprechend gestaltet; sie enthalten aber viele grobe Fehler, da man aus Kostengründen auf eine Überprüfung des Entwurfs im Gelände (ground-check) verzichtet.

Vor dem Hintergrund einer immer stärker verflochtenen und vernetzten Weltwirtschaft und Weltgesellschaft nimmt auch die Flut von Informationen aus fernen Ländern und von fremden Völkern rasch zu. Diese sind jedoch ebenfalls häufig gefärbt, tendenziell verzerrt, auf unsere westlichen Denkklischees hin zurechtgebogen. Demgegenüber ist es eine zentrale Aufgabe der Geographie, aufzuklären und die Andersartigkeit fremder Lebenswelten, Gesellschaften und Institutionen unserem Verständnis näherzubringen.

Sachgemäße Informationen über fremde Länder und Kulturen durch die Geographie beinhalten oft ein Argumentieren gegen den Trend und gegen die in den Medien artikulierte öffentliche Meinung. Bestes Beispiel hierfür ist der Islam, der bei uns heute zunehmend verteufelt wird, und der angeblich als Bedrohung des Abendlandes bekämpft werden muß. Es ist die Pflicht eines jeden Orientgeographen, hier eindeutig Stellung zu beziehen, Befürchtungen zurückzuweisen, um Verständnis zu werben.

3.

Besonders verhängnisvoll in unserer modernen Informationsgesellschaft ist die Tendenz, *den direkten Kontakt mit und die persönliche Inaugenscheinnahme von Sachverhalten der realen Welt immer mehr auszuschalten.* Auch über Land und Leute informieren sich die Menschen heute immer weniger selbst und persönlich und in direkter eigener Anschauung; sie lassen sich stattdessen durch die Medien — vermeintlich besser — informieren. Es wird sogar als Fortschritt gepriesen, daß man sich am PC über fast alles in der Welt informieren und mit anderen Menschen fernab kommunizieren kann, ohne seinen Schreibtisch verlassen zu müssen. Auch hierfür einige Beispiele:

Vor dreißig Jahren war es noch verhältnismäßig leicht, in einer Super-Constellation einen Fensterplatz zu bekommen; die Maschine flog verhältnismäßig tief, und der Ausblick auf die Landschaften unten war faszinierend. Heute wird beim Flug im Jet ein meist völlig uninteressanter Film gezeigt; selbst wenn Sie am Fenster sitzen, dürfen Sie nicht mehr hinausschauen, sondern müssen zwecks Verdunkelung die Jalousie herunterlassen! Wer sich dagegen wehrt und auf den Ausblick nach unten nicht verzichten möchte, wird von den Stewardessen oft wie ein Geistesgestörter behandelt.

Auch bei Eisenbahnfahrten gibt es nur noch wenige Strecken, auf denen man einen Fensterplatz genießen kann: Bei der durch die Talmäander bedingten gemächlichen Fahrt am Mittelrhein kann man noch die Auswirkungen von Hoch- und Niedrigwasser studieren, die aufgelassenen Weinberge an den ehemals sorgfältig terrassierten Steilhängen beklagen oder sich über die modernen Großmotorschiffe und Koppelverbände freuen, die stromauf und stromab fahren. Und die Bahntrasse München-Berlin quert die Wasserscheide Rhein-Elbe noch so gemächlich, daß man ohne Mühe das Schild lesen kann: „Frankenwaldbahn – Scheitelpunkt 594 m". Demgegenüber führen die Trassen unserer ICE-Züge auf weiten Strecken durch Tunnels, und an den Bahnhöfen rast der Zug so schnell vorbei, daß man die Ortsschilder nicht mehr lesen kann. So ist nicht einmal mehr eine ganz primitive topographische Orientierung möglich.

Immer mehr Aussichtstürme verfallen, werden gesperrt oder abgerissen. Verschönerungsvereine, die auf Anhöhen mit einem weiten Fernblick Aussichtstürme errichten, gibt es schon lange nicht mehr. Damit wird es selbst auf geographischen Exkursionen immer schwieriger, einen geeigneten Platz für die beliebten „Bergpredigten" zu finden. In den großartigen Naturparks Nordamerikas kann man es häufig erleben, daß Besucher nach der Ankunft ihr Auto abstellen und dann erst einmal in das Gebäude des Information- oder Visitor-Centers gehen; sie sehen sich dort einen Film oder eine Video-Darbietung über die Landschaften des Parks an. Im Anschluß daran setzen sie sich befriedigt ins Auto und fahren zum nächsten Naturpark weiter.

Das Erfahren der realen Welt auf dem Umweg über die Medien bedingt also fast zwangsläufig *Wirklichkeitsferne*. Der Medienmacher bemüht sich fast immer um eine möglichst publikumswirksame Inszenierung mit oft erheblichen Akzentverschiebungen; Beeinflussung und Manipulation sind da nicht mehr weit. Die Menschen legen gar keinen Wert mehr darauf, sich persönlich selbst vor Ort zu überzeugen. Sie werden immer abhängiger, und einige Medienzaren versteigen sich sogar zu der These: „Quod non est in litteris, non est in mundo".

Als Ausflugs- oder Reiseziel immer beliebter werden auch völlige Kunstlandschaften, z.B. Disneyland und Disneyworld, oder tropische Landschaftsparks mit einem künstlichen Klima unter einer Glashaube: „Das Paradies ist überdacht, sicher vor UV-Strahlen und vollsynthetisch. Am knapp 100 Meter langen Strand aus feinstem Acryl schaukeln Plastikpalmen im sanften Hauch der Windmaschinen. Eine Vakuumpumpanlage erzeugt in regelmäßigen Abständen meterhohe Wellen, auf denen festangestellte Surfer ihr Kunststücke vorführen" (Test 3/95, S. 312). Gegenüber solchen Kunstprodukten erscheint selbst die Märchenwelt von König Ludwig II., von der wir eingangs gesprochen haben, noch sehr realitätsnahe!

Angesichts dieser zunehmenden Entfremdung des modernen Menschen von der ganz konkreten, lebensweltlich unmittelbar erfaßbaren Realität mußte die Geographie Flagge zeigen: Das Plakat des Internationalen Geographenkongresses 1992 in Washington setzte allen Scheinwelten das Bild einer großartigen ursprünglichen Gletscherlandschaft in Alaska entgegen, und es warb mit dem Slogan „Geography is discovery". Das bedeutet: Die Geographische Wissenschaft kann noch hautnah einen direkten persönlichen Kontakt mit der natürlichen und der vom Menschen geschaffenen Umwelt vermitteln, und sie erzieht dazu, diese Umwelt mit allen Sinnen wahrzunehmen und zu erleben: Das geschulte Auge sieht mehr und besser als jede Kamera, die Haut fühlt draußen im Gelände Wärme und Kälte, Regen und Wind, das Ohr hört die mannigfachsten Töne auch von Geräuschquellen, die dem Auge verborgen bleiben, und die Nase nimmt den Tannenduft eines regenfeuchten Waldes ebenso wahr wie den Smog einer Großstadt.

Eine geographische Exkursion durch einen sterbenden Wald oder durch Baumbestände mit starkem Wildverbiß, eine Wanderung durch die letzten noch erhaltenen Feuchtbiotope an unterer Isar und Donau, das unmittelbare Erleben eines orientalischen Bazars oder einer Dünenwüste vermitteln die Wirklichkeit unserer Welt viel überzeugender, nachhaltiger und eindringlicher als noch so routiniert gehandhabte Medien. Geographie setzt der zunehmenden Realitätsferne und den künstlichen Welten unserer Medien den hautnahen, direkten persönlichen Kontakt mit der Wirklichkeit entgegen. Die Medien erziehen zum passiven Über-sich-ergehenlassen und zur Flüchtigkeit rasch wechselnder Bilder und Szenen. Geographie im Gelände beinhaltet dagegen Unmittelbarkeit, Überschaubarkeit, Erfahren und Erleben aus erster Hand, Einprägsamkeit und Vertiefung — aber auch Verweilen, Beschaulichkeit und in Ruhe auf sich wirken lassen.

Geographie lehrt also, *die Welt mit eigenen Augen zu sehen*. Wer sich den Medien anvertraut, wird fast gezwungen, fremde Perspektiven zu übernehmen und geschickt inszeniertes Theater mit der Wirklichkeit zu verwechseln. Der über die Geographie vermittelte direkte Kontakt mit der Umwelt hingegen führt zur Aneignung, zur Erweiterung und Bereicherung der eigenen Sicht. Natürlich ist auch diese eigene Sicht in gewisser Hinsicht subjektiv — aber es ist *meine* Subjektivität und nicht die mir untergejubelte irgendeines Medienmachers. Informationen, die ich mir selbst einhole, werden in meine eigene, ganz persönliche Anschauung und Erfahrung eingearbeitet; sie fügen sich meinem Lebensrhythmus ein, und sie gehören zum vertrauten Alltag meiner spezifisch-unverwechselbaren Lebenswelt.

Damit hat die Geographie letztlich noch heute dieselben Aufgaben wie vor einhundert Jahren: Einerseits muß sie als empirische Wissenschaft die reale Welt erforschen und erklären; andererseits leitet sie in Erfüllung ihres Bildungsauftrages eine interessierte breitere Öffentlichkeit dazu an, eben diese reale Welt in unmittelbarem persönlichen Kontakt aus erster Hand kennenzulernen und zu erfahren. Beides kann unter dem Motto stehen „Geography is discovery".

Literatur

Archiv der Kgl. Universität Erlangen 1895-1913, 13 P, Th. II, Pos. 1 No. 21. (Handschriftlicher Auszug von Franz Tichy; dieser besorgte auch das Original der Gründungsurkunde vom 6.2.1895).

BANSE, EWALD: Lexikon der Geographie. 2 Bde., Braunschweig u. Hamburg 1923.

BASKIN, CARLISLE, W.: A Critique and Translation of Walter Christaller's „Die zentralen Orte in Süddeutschland". Unpublished Ph.D. thesis, University of Virginia, 1957.

BERNINGER, OTTO: Robert Gradmann (18.7.1865 - 16.9.1950). Peterm. Mitt. 95 (1951), S. 187-190.

BERNINGER, OTTO: Joachim Blüthgen, 4.9.1912 - 19.11.1973. Mitt. der Fränk.Geogr. Ges. 21/22 (1974/75), S. 2-16.

BOEHM, HANS (Hrsg.): Beiträge zur Geschichte der Geographie an der Universität Bonn. Hrsg. anläßl. d. Übergabe des neuen Institutsgebäudes in Bonn-Poppelsdorf. Bonn 1991. (Colloquium Geographicum Bd. 21).

CHRISTALLER, WALTER: Die zentralen Orte in Süddeutschland. Eine ökonomisch-geographische Untersuchung über die Gesetzmäßigkeit der Verbreitung und Entwicklung der Siedlungen mit städtischen Funktionen. Jena 1933. (Nachdruck Darmstadt 1968). Englische Übersetzung Englewood Cliffs, N.J. 1966.

CHRISTALLER, WALTER: Wie ich zur Theorie der Zentralen Orte gekommen bin. Geogr. Zeitschr. 56 (1968), S. 88-101.

DOSTAL, WALTER: Silence in the darkness: German ethnology during the National Socialist Period. Social Anthropology (1994) 2, 3, S. 251-262.

ENDRES, RUDOLF: Bayreuth in der NS-Zeit. In: R. Endres (Hrsg.): Bayreuth. Aus einer 800jährigen Geschichte. Köln/Weimar/Wien 1995, S. 175-194.

Festschrift Ferdinand Freiherrn von Richthofen zum sechzigsten Geburtstag am 5. Mai 1893 dargebracht von seinen Schülern. Berlin 1893. [Beiträge u.a. von A. Philippson, E. v. Drygalski, R. Sieger, M. Blanckenhorn, A. Hettner, G. Schott, E. Hahn].

GAY, JEAN-CHRISTOPHE: Vitesse et regard. Le nouveau rapport de l'homme à l'étendue. Géographie et Cultures no. 8, 1993, S. 33-50.

GIESE, ERNST: Erfassung und Beurteilung universitärer Forschungsleistungen in der Bundesrepublik Deutschland. Stand der empirischen Forschung.— In: Beiträge zur Hochschulforschung 1988, Heft 4, S. 419-465.

GRADMANN, ROBERT: Süddeutschland. 2 Bde., Stuttgart 1931. (Nachdruck Darmstadt 1956).

GRADMANN, ROBERT: Lebenserinnerungen. Stuttgart 1965. (Lebendige Vergangenheit. Zeugnisse und Erinnerungen 1. Band).

GÜNTHER, S.: Eduard Pechuel-Loesche. Mitt. der Geogr. Ges. München 8 (1913), S. 301-305.

HARKE, HELMUT: Alfred Rühl 1882-1935. - In: Geographers. Biobibliographical Studies Vol. 12, London 1988, S. 139-147.

HEDIN, SVEN: Durch Asiens Wüsten. 2 Bände, Leipzig 1899.

HETTNER, ALFRED: Die Entwicklung der Geographie im 19. Jahrhundert. Rede beim Antritt der geographischen Professur an der Universität Tübingen. Geogr. Zeitschr. 4 (1898), S. 305-320.

HOTTES, KARL-HEINZ und PETER SCHÖLLER: Werk und Wirkung Walter Christallers. Geogr. Zeitschr. 56 (1968), S. 81-84.

HUTTENLOCHER, FRIEDRICH: Robert Gradmann und die geographische Landeskunde Süddeutschlands. Erdkunde 5 (1951), S. 1-6.

HÜTTEROTH, WOLF, ET AL.: Erlangen - ein Zentrum moderner Orientforschung. II. Gegenwartsbezogene Feldforschungen zur Wirtschafts-, Sozial- und Stadtgeographie. III. Feldforschungen im Orient und Archivstudien mit historischem und kulturraumspezifischem Akzent. - In: uni kurier, Zeitschrift der FAU Erlangen-Nürnberg, 7. Jg., Nr. 35/36 (April 1981), S. 26-41.

KOLDE, THEODOR: Die Universität Erlangen unter dem Hause Wittelsbach 1810-1910. Festschrift .... Erlangen und Leipzig 1910.

KOPP, HORST: Das interdisziplinäre Forschungsprojekt „Entwicklungsprozesse in Raum, Wirtschaft und Gesellschaft der Arabischen Republik Jemen".— In: Entwicklungsprozesse in der Arabischen Republik Jemen. Wiesbaden 1984, S. 1-6. (Jemen-Studien Bd. 1).

KOPP, HORST: The Tübingen Atlas of the Middle East. A German multi-disciplinary research project. GeoJournal 13.3 (1986), S. 274-276.

KOPP, HORST (Hrsg.): Symposium: Vier Jahrzehnte Entwicklungshilfe. Eine Bilanz im Dialog zwischen wissenschaftlicher Praxis und Politik. Erlangen, 10.-12.12.1993. Erlangen 1994. (FORAREA, Arbeitspapiere Heft 2).

KRUG, FRL., M.: Die Geographie in der höheren Mädchenschule. Geogr. Zeitschr. 4 (1898), S. 617-643.

KÜHNE, INGO: Richard Busch-Zantner 1911-1942. Mitt. der Fränk. Geogr. Ges. 13/14 (1966/67), S. 125-132.

KÜHNE, INGO: Otto Berninger (1898-1991) und das Erlanger Institut für Geographie. Mitt. der Fränk. Geogr. Ges. 38 (1991), S. IX-XXV.

KULS, WOLFANG: Über einige Entwicklungstendenzen in der geographischen Wissenschaft seit der zweiten Hälfte des 19. Jahrhunderts. Mitt. der Geogr. Ges. in München 55 (1970), S. 11-30.

LINDEMANN, MORITZ: Fridtjof Nansen und sein Nordpolwerk. Geogr. Zeitschr. 3 (1897), S. 380-401.

LINNENBERG, FRIEDRICH: Eduard Pechuel-Loesche als Naturbeobachter. Mitt. der Fränk. Geogr. Ges. 10 (1963), S. 340-356.

LINNENBERG, FRIEDRICH: Bibliographie Robert Gradmann. Mitt. der Fränk. Geogr. Ges. 11/12 (1964/65), S. 19-42.

MEHMEL, ASTRID: Wie ich zum Geographen wurde - Aspekte zum Leben Alfred Philippsons. Geogr. Zeitschr. 82 (1994), S. 116-132.

METZ, FRIEDRICH: Robert Gradmann 1865-1950. Die Erde 2 (1950/51), S. 333-338.

MEYNEN, EMIL: Friedrich Metz 8.3.1890 - 24.12.1969. Ber. z. dt. Landeskunde 44 (1970), S. 55-74.

NANSEN, FRIDTJOF: In Nacht und Eis. 3 Bde., Leipzig 1898.

RAUMER, KARL VON: Palästina. 4., vermehrte und verbesserte Auflage. Leipzig 1860. [1. Aufl. 1834].

RICHTHOFEN, FERDINAND FRH. VON: Aufgaben und Methoden der heutigen Geographie. Akademische Antrittsrede .... Leipzig 1883. - Stark gekürzter Wiederabdruck in ERNST WINKLER (Hrsg.): Probleme der Allgemeinen Geographie. Darmstadt 1975, S. 22-39. (Wege der Forschung Bd. 299).

RICHTHOFEN, FERDINAND FRH. VON: Triebkräfte und Richtungen der Erdkunde im neunzehnten Jahrhundert. Zeitschr. der Ges. für Erdk. zu Berlin 1903, S. 655-692.

RÖLLIG, W. (Hrsg.): Von der Quelle zur Karte. Abschlußbuch des Sonderforschungsbereichs „Tübinger Atlas des Vorderen Orients". Weinheim 1991. (Deutsche Forschungsgemeinschaft).

RÖSSLER, MECHTILD: Die Geographie an der Universität Freiburg 1933-1945. Ein Beitrag zur Wissenschaftsgeschichte des Faches im Dritten Reich. Urbs et regio 51 (1989), S. 77-151.

SANDNER, GERHARD: Die „Geographische Zeitschrift" 1933-1944. Eine Dokumentation über Zensur, Selbstzensur und Anpassungsdruck bei wissenschaftlichen Zeitschriften im Dritten Reich. Geogr. Zeitschr. 71 (1983), S. 65-87, 127-149.

SANDNER, GERHARD: Zusammenhänge zwischen wissenschaftlichem Dissens, politischem Kontext und antisemitischen Tendenzen in der deutschen Geographie 1918-1945: Siegfried Passarge und Alfred Philippson.— In: Philippson-Gedächtnis-Kolloquium 13.11.1989, Bonn 1990, S. 35-49. (Colloquium Geographicum Bd. 20).

SCHERZER, HANS (Hrsg.): Gau Bayerische Ostmark. Land, Volk und Geschichte. Deutscher Volksverlag München o. J. [1940/41].

STEIN, HARRY: Die Geographie an der Universität Jena (1786-1939). Ein Beitrag zur Entwicklung der Geographie als Wissenschaft. Wiesbaden 1972. (Erdkundliches Wissen Heft 29).

TICHY, FRANZ: Bericht über die geographischen Arbeiten im Rahmen des deutsch-mexikanischen interdisziplinären Mexiko-Projektes. - In: Deutscher Geographentag Kiel 1969, Tagungsbericht und wissenschaftliche Abhandlungen. Wiesbaden 1970, S. 555-562.

TICHY, FRANZ: Zur Geschichte der Geowissenschaften in und um Erlangen. In: Mitt. der Fränk. Geogr. Ges. 40 (1993), S. 1-17.

TROLL, CARL: Die geographische Wissenschaft in Deutschland in den Jahren 1933-1945; eine Kritik und Rechtfertigung. Erdkunde 1 (1947), S. 3-41.

WALDMANN, KARL: Die Geographie an der Friedrich-Alexander-Universität Erlangen 1919 bis 1945. Zulassungsarbeit ... für das Lehramt an Gymnasien, vervielf. Manuskr. Erlangen 1985.

WENDEHORST, ALFRED: Geschichte der Friedrich-Alexander-Universität Erlangen-Nürnberg 1743-1993. München 1993.

WIRTH, EUGEN: Fünfzig Jahre Theorie der Zentralen Orte. Geogr. Zeitschr. 70 (1982), S. 293-297.

WIRTH, EUGEN: Erich Otremba 1910-1984. Mitt. der Fränk. Geogr. Ges. 33/34 (1986/87), S. 1-15.

WIRTH, EUGEN: Overseas exploratory fieldwork - a specific tradition in German geography.— In: German Geographical Research Overseas. A Report to the International Geographical Union. Tübingen 1988, S. 7-25. (Applied Geography and Development, Supplementary volume).